택시운전 자격시험
서울/경기/인천
실전문제

교통안전시설 일람표

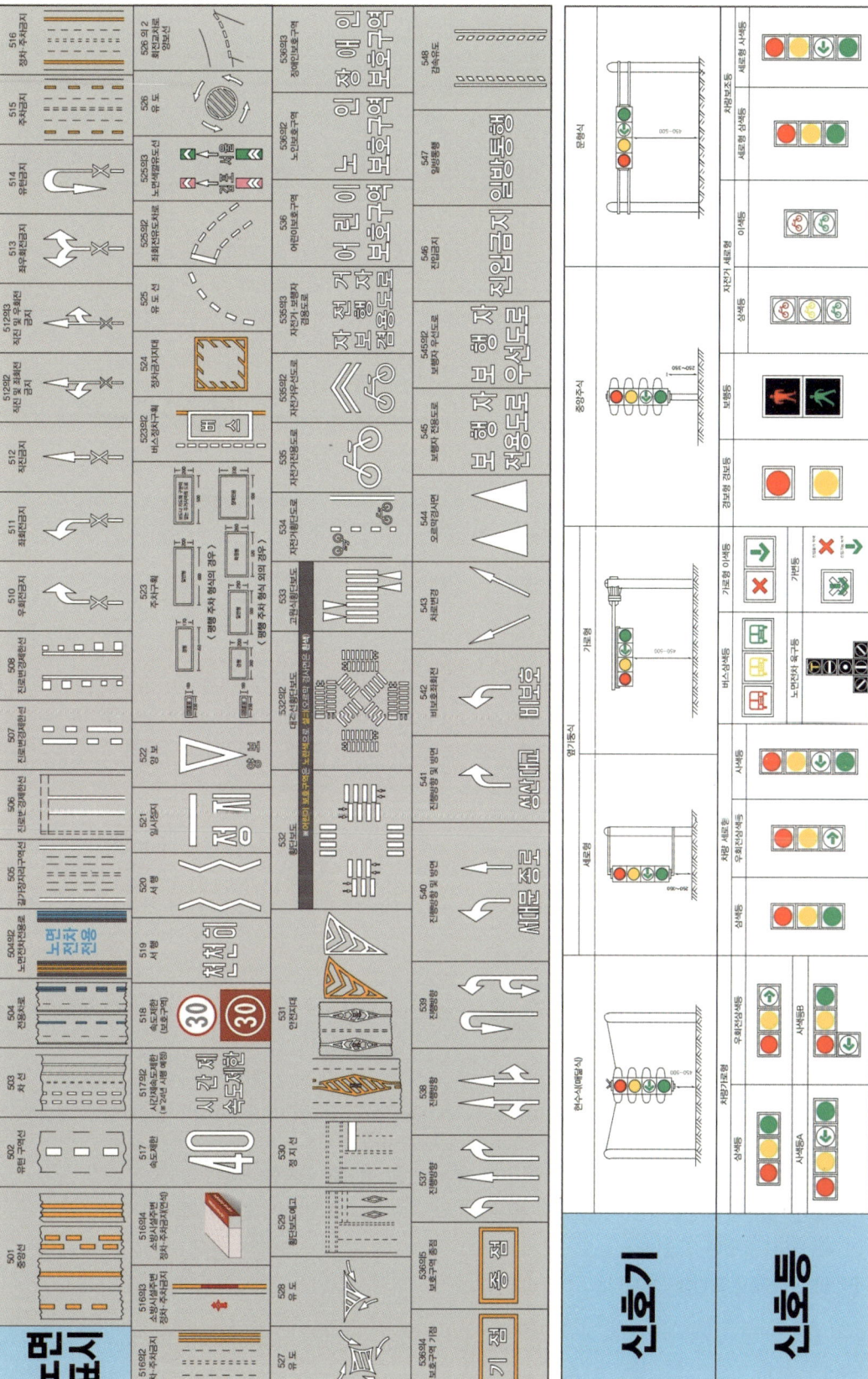

택시운전자격시험

개정 3판 발행   2025년 01월 24일
개정 4판 발행   2026년 01월 09일

편저자   자격시험연구소
발행처   (주)서원각
등록번호   1999-1A-107호
주소   경기도 고양시 일산서구 덕산로 88-45(가좌동)
대표번호   031-923-2051
교재문의   카카오톡 플러스 친구[서원각]
홈페이지   goseowon.com

▷ 이 책은 저작권법에 따라 보호받는 저작물로 무단 전재, 복제, 전송 행위를 금지합니다.
▷ 내용의 전부 또는 일부를 사용하려면 저작권자와 (주)서원각의 서면 동의를 반드시 받아야 합니다.
▷ ISBN과 가격은 표지 뒷면에 있습니다.
▷ 파본은 구입하신 곳에서 교환해드립니다.

PREFACE

택시는 이익을 목적으로 하는 사업용 자동차이므로 택시를 운전하고자 하는 사람은 자동차 운전면허(1종 및 2종 보통 이상) 이외에도 취업하고자 하는 관할지역의 지리를 잘 알고 있어야 하며, 승객이 쾌적한 분위기에서 택시를 이용할 수 있도록 고객에 대한 서비스를 제공해야 합니다. 이에 따라 정부는 여객자동차 운수사업법에서 개인택시 운송사업에 사용되는 자동차의 운전 업무에 종사할 수 있는 자격을 규정하고 있습니다.

택시운전 자격시험은 문제은행 방식으로 전체 문제가 정해져 있고 그 중에서 무작위로 출제가 됩니다. 그러므로 어떠한 문제를 공부하느냐가 관건이라고 볼 수 있습니다. 그래서 도서출판 서원각은 택시운전 자격시험에 도전하려는 수험생 여러분을 위하여 택시운전 자격시험 실전문제를 발행하게 되었습니다.

본서는 교통 및 여객자동차 운수사업법규, 안전운행요령, 운송서비스, 지리 등의 출제범위를 완벽하게 반영하였습니다.

최근 시행된 기출문제를 통하여 출제경향과 자주 출제되는 문제를 완벽하게 분석하여 출제기준과 시험의 경향에 맞춰 과목별 영역별 실전문제를 수록하였습니다. 또한 실전문제에는 꼼꼼한 해설을 추가하여 다양하게 출제될 수 있는 동일 유형의 문제도 쉽게 풀 수 있도록 구성하였습니다.

[본서의 구성]
- 최신 개정법령을 반영하여 한눈에 파악하기 쉬운 요약 이론
- 시험에 출제가 예상되는 연습문제

신념을 가지고 도전하는 사람은 반드시 그 꿈을 이룰 수 있습니다.
도서출판 서원각은 수험생 여러분의 그 꿈을 항상 응원합니다.

Information

❊ 택시운전 자격시험이란
택시운전자격은 일반택시운송사업, 개인택시운송사업 및 수요응답형 여객자동차운송사업 (승용자동차를 사용하는 경우만 해당한다)에 종사하려는 운전자는 택시운전자격제도에 의해 자격시험에 합격 후 택시운전 자격증을 취득하여야 합니다.

❊ 자격 취득 대상자
일반택시운송사업, 개인택시운송사업 및 수요응답형여객자동차운송사업 (승용자동차를 사용하는 경우만 해당한다)에 종사하고자 하는 사람

❊ 시험과목 및 합격기준

교통 및 여객자동차 운수사업 법규 20문항	안전운행요령 20문항	운송서비스 20문항	지리 10문항

합격기준 : 총점 100점 중 60점 (총 70문제 중 42문제)이상 획득 시 합격

❊ 시험 시간(회차별)

1회차	2회차	3회차	4회차
09:20 ~ 10:30	11:00 ~ 12:10	14:00 ~ 15:10	16:00 ~ 17:10

❊ 택시 자격시험 법적 근거
① 여객자동차운수사업법 제24조(여객자동차운송사업의 운전업무 종사자격)
  택시운전 자격시험, 자격증의 취득 등 버스운전 자격요건 명시
② 여객자동차운수사업법 시행령 제38조(권한의 위탁)
  택시운전 자격시험의 실시·관리 및 자격증 교부에 관한 업무를 한국교통안전공단에 위탁
③ 여객자동차운수사업법 시행규칙 제49조(사업용 자동차 운전자의 자격요건 등) ~ 제56조(운전자격증 등의 정정 및 재발급)
  택시운전 자격시험의 실시·관리 및 자격증 교부에 관한 사항을 구체적으로 명시

❊ 컴퓨터 시험(CBT)용 체계도

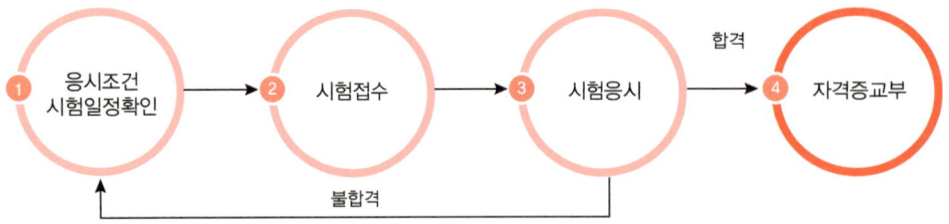

① 응시조건 및 시험일정 확인
  ㉠ 운전면허 : 사업용 자동차를 운전하기에 적합한 2종 보통 이상 운전면허 소지자
  ㉡ 연령 : 만 20세 이상(시험 접수일 기준)
  ㉢ 운전경력 : 2종 보통 이상의 운전경력이 1년 이상(시험일 기준 운전면허 보유기간이며, 취소·정지기간 제외)
  ㉣ 여객자동차운수사업법 제24조 제3항 및 제4항의 결격사유에 해당되지 않는 사람
    *연간시험일정 확인(접수기간 및 시험일)
② 시험접수
  ㉠ 인터넷 접수 (신청·조회 > 택시운전 > 예약접수 > 원서접수)
    *사진은 그림파일 JPG로 스캔하여 등록
  ㉡ 방문접수 : 전국 19개 시험장
    *다만, 현장 방문접수 시 응시인원 마감 등으로 시험 접수가 불가할 수도 있사오니 가급적 인터넷으로 시험 접수현황을 확인하시고 방문해주시기 바랍니다.
  ㉢ 시험응시 수수료 : 11,500원
  ㉣ 준비물 : 운전면허증, 6개월 이내 촬영한 3.5×4.5cm 컬러사진 (미제출자에 한함)
③ 시험응시
  ㉠ 각 지역본부 시험장 (시험시작 20분 전까지 입실)
  ㉡ 시험과목(4과목, 회차별 70문제)
    • 1회차 : 09:20 ~ 10:30
    • 2회차 : 11:00 ~ 12:10
    • 3회차 : 14:00 ~ 15:10
    • 4회차 : 16:00 ~ 17:10
    *지역본부에 따라 시험 횟수가 변경될 수 있음
④ 자격증 교부
  ㉠ 신청대상 및 기간 : 택시운전 자격시험 필기시험에 합격한 사람으로서 합격자 (총점의 60%이상(총 70문항 중 42문항 이상)을 얻은 사람) 발표일로부터 30일 이내
  ㉡ 자격증 신청 방법 : 인터넷·방문신청
  ㉢ 자격증 교부 수수료 : 10,000원(인터넷의 경우 우편료를 포함하여 온라인 결제)
  ㉣ 신청서류 : 택시운전 자격증 발급신청서 1부(인터넷의 경우 생략)
  ㉤ 자격증 인터넷 신청 : 신청일로부터 5~10일 이내 수령가능(토·일요일, 공휴일 제외)
  ㉥ 자격증 방문 발급 : 한국교통안전공단 전국 19개 시험장 및 7개 검사소 방문·교부장소
  ㉦ 준비물 : 운전면허증, 운전경력증명서(전체 기간), 수수료

STRUCTURE

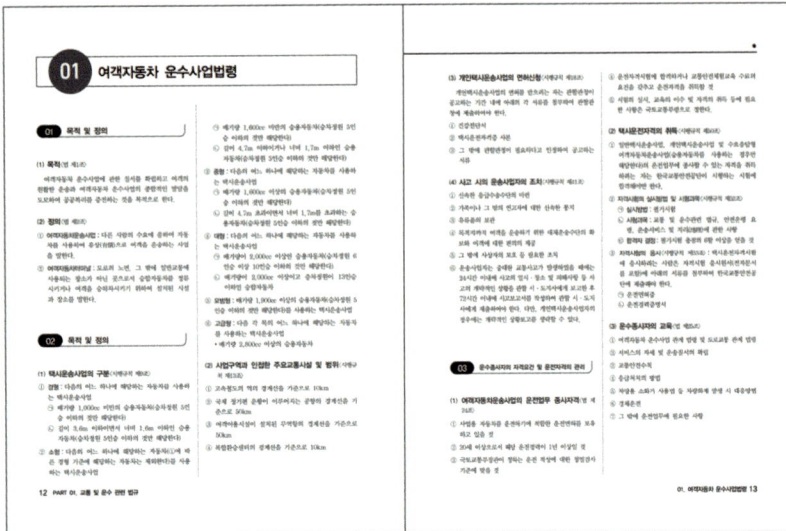

❶ 핵심이론 정리

방대한 양의 이론을 중요내용 중심으로 체계적으로 구성해 핵심파악이 쉽고 중요내용을 한 눈에 파악할 수 있도록 구성하여 학습의 집중도를 높일 수 있습니다.

실전 연습문제

최근 시행된 기출문제와 출제경향을 완벽 분석하여 과목별 영역별 실전 연습문제를 수록하였습니다.

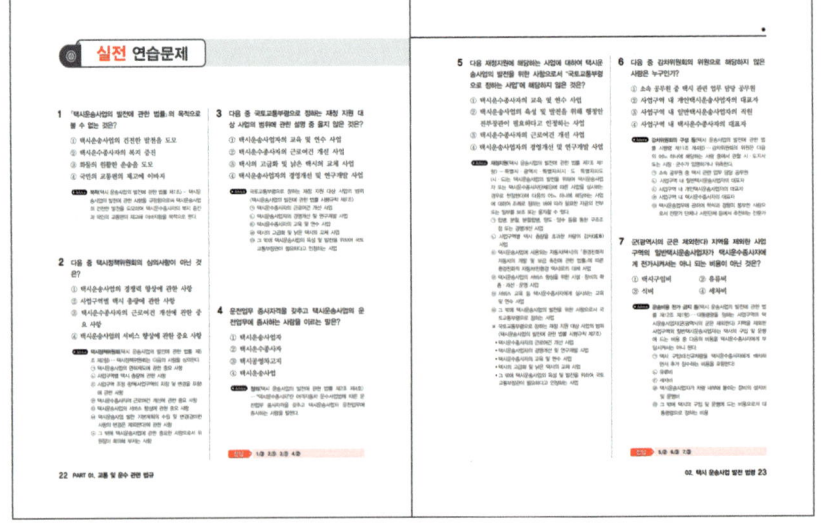

CONTENTS

PART 01 교통 및 운수 관련 법규
01 여객자동차 운수사업법령 ··· 12
02 택시 운송사업 발전 법령 ·· 20
03 도로교통법령 ·· 25
04 교통사고처리특례법령 ··· 50

PART 02 안전운행요령
01 자동차 관리 ··· 58
02 자동차 응급조치요령 ··· 68
03 자동차 구조 및 특성 ··· 73
04 자동차 검사 및 보험 ··· 84
05 안전운전의 기술 ·· 89

PART 03 운송서비스(택시운전자의 예절에 관한 사항 포함)
01 여객운수종사자의 기본자세 ·· 106
02 운송사업자 및 운수종사자 준수사항 ··································· 119
03 운수종사자의 기본 소양 ·· 122

PART 04 지리
01 서울특별시 ·· 134
02 경기도 ·· 155
03 인천광역시 ·· 175

PART 01 교통 및 운수 관련 법규

- **01** 여객자동차 운수사업법령
- **02** 택시 운송사업 발전 법령
- **03** 도로교통법령
- **04** 교통사고처리특례법령

01 여객자동차 운수사업법령

01 목적 및 정의

(1) 목적〈법 제1조〉

여객자동차 운수사업에 관한 질서를 확립하고 여객의 원활한 운송과 여객자동차 운수사업의 종합적인 발달을 도모하여 공공복리를 증진하는 것을 목적으로 한다.

(2) 정의〈법 제2조〉

① **여객자동차운송사업**: 다른 사람의 수요에 응하여 자동차를 사용하여 유상(有償)으로 여객을 운송하는 사업을 말한다.
② **여객자동차터미널**: 도로의 노면, 그 밖에 일반교통에 사용되는 장소가 아닌 곳으로서 승합자동차를 정류시키거나 여객을 승하차시키기 위하여 설치된 시설과 장소를 말한다.

02 목적 및 정의

(1) 택시운송사업의 구분〈시행규칙 제9조〉

① **경형**: 다음의 어느 하나에 해당하는 자동차를 사용하는 택시운송사업
  ㉠ 배기량 1,000cc 미만의 승용자동차(승차정원 5인승 이하의 것만 해당한다)
  ㉡ 길이 3.6m 이하이면서 너비 1.6m 이하인 승용자동차(승차정원 5인승 이하의 것만 해당한다)
② **소형**: 다음의 어느 하나에 해당하는 자동차(①에 따른 경형 기준에 해당하는 자동차는 제외한다)를 사용하는 택시운송사업
  ㉠ 배기량 1,600cc 미만의 승용자동차(승차정원 5인승 이하의 것만 해당한다)
  ㉡ 길이 4.7m 이하이거나 너비 1.7m 이하인 승용자동차(승차정원 5인승 이하의 것만 해당한다)
③ **중형**: 다음의 어느 하나에 해당하는 자동차를 사용하는 택시운송사업
  ㉠ 배기량 1,600cc 이상의 승용자동차(승차정원 5인승 이하의 것만 해당한다)
  ㉡ 길이 4.7m 초과이면서 너비 1.7m를 초과하는 승용자동차(승차정원 5인승 이하의 것만 해당한다)
④ **대형**: 다음의 어느 하나에 해당하는 자동차를 사용하는 택시운송사업
  ㉠ 배기량이 2,000cc 이상인 승용자동차(승차정원 6인승 이상 10인승 이하의 것만 해당한다)
  ㉡ 배기량이 2,000cc 이상이고 승차정원이 13인승 이하인 승합자동차
⑤ **모범형**: 배기량 1,900cc 이상의 승용자동차(승차정원 5인승 이하의 것만 해당한다)를 사용하는 택시운송사업
⑥ **고급형**: 다음 각 목의 어느 하나에 해당하는 자동차를 사용하는 택시운송사업
  • 배기량 2,800cc 이상의 승용자동차

(2) 사업구역과 인접한 주요교통시설 및 범위〈시행규칙 제13조〉

① 고속철도의 역의 경계선을 기준으로 10km
② 국제 정기편 운항이 이루어지는 공항의 경계선을 기준으로 50km
③ 여객이용시설이 설치된 무역항의 경계선을 기준으로 50km
④ 복합환승센터의 경계선을 기준으로 10km

(3) 개인택시운송사업의 면허신청 〈시행규칙 제18조〉

개인택시운송사업의 면허를 받으려는 자는 관할관청이 공고하는 기간 내에 아래의 각 서류를 첨부하여 관할관청에 제출하여야 한다.

① 건강진단서
② 택시운전자격증 사본
③ 그 밖에 관할관청이 필요하다고 인정하여 공고하는 서류

(4) 사고 시의 운송사업자의 조치 〈시행규칙 제41조〉

① 신속한 응급수송수단의 마련
② 가족이나 그 밖의 연고자에 대한 신속한 통지
③ 유류품의 보관
④ 목적지까지 여객을 운송하기 위한 대체운송수단의 확보와 여객에 대한 편의의 제공
⑤ 그 밖에 사상자의 보호 등 필요한 조치
⑥ 운송사업자는 중대한 교통사고가 발생하였을 때에는 24시간 이내에 사고의 일시·장소 및 피해사항 등 사고의 개략적인 상황을 관할 시·도지사에게 보고한 후 72시간 이내에 사고보고서를 작성하여 관할 시·도지사에게 제출하여야 한다. 다만, 개인택시운송사업자의 경우에는 개략적인 상황보고를 생략할 수 있다.

03 운수종사자의 자격요건 및 운전자격의 관리

(1) 여객자동차운송사업의 운전업무 종사자격 〈법 제24조, 시행규칙 제49조〉

① 사업용 자동차를 운전하기에 적합한 운전면허를 보유하고 있을 것
② 20세 이상으로서 해당 운전경력이 1년 이상일 것
③ 국토교통부장관이 정하는 운전 적성에 대한 정밀검사 기준에 맞을 것
④ 운전자격시험에 합격하거나 교통안전체험교육 수료의 요건을 갖추고 운전자격을 취득할 것
⑤ 시험의 실시, 교육의 이수 및 자격의 취득 등에 필요한 사항은 국토교통부령으로 정한다.

(2) 택시운전자격의 취득 〈시행규칙 제50조〉

① 일반택시운송사업, 개인택시운송사업 및 수요응답형 여객자동차운송사업(승용자동차를 사용하는 경우만 해당한다)의 운전업무에 종사할 수 있는 자격을 취득하려는 자는 한국교통안전공단이 시행하는 시험에 합격해야만 한다.
② 자격시험의 실시방법 및 시험과목 〈시행규칙 제52조〉
  ㉠ 실시방법 : 필기시험
  ㉡ 시험과목 : 교통 및 운수관련 법규, 안전운행 요령, 운송서비스 및 지리(地理)에 관한 사항
  ㉢ 합격자 결정 : 필기시험 총점의 6할 이상을 얻을 것
③ 자격시험의 응시 〈시행규칙 제53조〉 : 택시운전자격시험에 응시하려는 사람은 자격시험 응시원서(전자문서를 포함)에 아래의 서류를 첨부하여 한국교통안전공단에 제출해야 한다.
  ㉠ 운전면허증
  ㉡ 운전경력증명서

(3) 운수종사자의 교육 〈법 제25조〉

① 여객자동차 운수사업 관계 법령 및 도로교통 관계 법령
② 서비스의 자세 및 운송질서의 확립
③ 교통안전수칙
④ 응급처치의 방법
⑤ 차량용 소화기 사용법 등 차량화재 발생 시 대응방법
⑥ 경제운전
⑦ 그 밖에 운전업무에 필요한 사항

04 보칙 및 벌칙

(1) 사업용 자동차의 차령 〈시행령 제40조 별표 2〉

차종	사업의 구분			차령
승용 자동차	여객 자동차 운송 사업용	개인 택시	경형 및 소형	5년
			배기량 2,400cc 미만	7년
			배기량 2,400cc 이상	9년
			환경친화적 자동차(환경친화적 자동차의 개발 및 보급 촉진에 관한 법률에 따른 자동차)	
		일반 택시	경형 및 소형	3년 6개월
			배기량 2,400cc 미만	4년
			배기량 2,400cc 이상	6년
			환경친화적 자동차	
	자동차 대여 사업용		경형 및 소형 및 중형	5년
			대형	8년
	특수여객 자동차 운송 사업용		경형 및 소형 및 중형	6년
			대형	10년
	플랫폼 운송 사업용		배기량 2,400cc 미만	4년
			배기량 2,400cc 이상	6년
			환경친화적 자동차	
승합 자동차	특수여객자동차 운송사업용 또는 전세버스 운송사업용			11년
	그 밖의 사업용			9년
특수 자동차	자동차 대여 사업용		캠핑용 자동차	9년

(2) 과태료의 부과기준(일반기준) 〈시행령 제49조 별표6〉

① 하나의 행위가 둘 이상의 위반행위에 해당하는 경우에는 그 중 무거운 과태료의 부과기준에 따른다.

② 위반행위의 횟수에 따른 과태료의 가중된 부과기준은 최근 1년 간 같은 위반행위로 과태료 부과처분을 받은 경우에 적용한다. 이 경우 기간의 계산은 위반행위에 대하여 과태료 부과처분을 받은 날과 그 처분 후 다시 같은 위반행위를 하여 적발된 날을 기준으로 한다.

③ ②에 따라 가중된 부과처분을 하는 경우 가중처분의 적용차수는 그 위반행위 전 부과처분 차수(②에 따른 기간 내에 과태료 부과처분이 둘 이상 있었던 경우에는 높은 차수를 말한다)의 다음 차수로 한다.

실전 연습문제

1 「여객자동차 운수사업법」의 목적이 아닌 것은?

① 여객자동차 운수사업에 관한 질서 확립
② 여객의 원활한 운송
③ 여객자동차 운수사업의 단기적이고 즉각적인 발달 도모
④ 공공복리의 증진

● Advice 목적〈여객자동차 운수사업법 제1조〉… 이 법은 여객자동차 운수사업에 관한 질서를 확립하고 여객의 원활한 운송과 여객자동차 운수사업의 종합적인 발달을 도모하여 공공복리를 증진하는 것을 목적으로 한다.

2 다음 중 용어에 대한 설명이 잘못된 것은?

① 여객자동차운송사업 : 다른 사람의 수요에 응하여 자동차를 사용하여 유상으로 여객을 운송하는 사업
② 여객자동차운송플랫폼사업 : 여객의 운송과 관련한 다른 사람의 수요에 응하여 이동통신단말장치, 인터넷 홈페이지 등에서 사용되는 응용프로그램(운송플랫폼)을 제공하는 사업
③ 관할관청 : 관할이 정해지는 국토교통부장관, 대도시권광역교통위원회나 특별시장·광역시장·특별자치시장·도지사 또는 특별자치도지사(시·도지사)
④ 정류소 : 택시운송사업용 자동차에 승객을 승차·하차시키거나 승객을 태우기 위하여 대기하는 장소 또는 구역

● Advice 정의〈여객자동차 운수사업법 시행규칙 제2조〉
㉠ "정류소"란 여객이 승차 또는 하차할 수 있도록 노선 사이에 설치한 장소를 말한다.
㉡ "택시 승차대"란 택시운송사업용 자동차에 승객을 승차·하차시키거나 승객을 태우기 위하여 대기하는 장소 또는 구역을 말한다.

3 운행계통을 정하지 아니하고 국토교통부령으로 정하는 사업구역에서 1개의 운송계약에 따라 국토교통부령으로 정하는 자동차를 사용하여 여객을 운송하는 사업을 무엇이라 하는가?

① 개인택시운송사업
② 일반택시운송사업
③ 특수택시운송사업
④ 전세택시운송사업

● Advice 일반택시운송사업〈여객자동차 운수사업법 시행령 제3조 제2호 다목〉… 운행계통을 정하지 아니하고 국토교통부령으로 정하는 사업구역에서 1개의 운송계약에 따라 국토교통부령으로 정하는 자동차를 사용하여 여객을 운송하는 사업. 이 경우 국토교통부령으로 정하는 바에 따라 경형·소형·중형·대형·모범형 및 고급형 등으로 구분한다.

정답 ▶ 1.③ 2.④ 3.②

4 택시운송사업의 구분에 해당하지 않는 것은?

① 경형
② 벤형
③ 모범형
④ 고급형

● Advice 택시운송사업의 구분
㉠ 경형   ㉡ 소형
㉢ 중형   ㉣ 대형
㉤ 모범형   ㉥ 고급형

5 다음 중 배기량 1,600cc 이상의 승용자동차를 사용하는 택시운송사업은?

① 경형
② 소형
③ 중형
④ 대형

● Advice
① 경형 : 배기량 1,000cc 미만의 승용자동차(승차정원 5인승 이하의 것만 해당한다)를 사용하는 택시운송사업
② 소형 : 배기량 1,600cc 미만의 승용자동차(승차정원 5인승 이하의 것만 해당한다)를 사용하는 택시운송사업
③ 중형 : 배기량 1,600cc 이상의 승용자동차(승차정원 5인승 이하의 것만 해당한다)를 사용하는 택시운송사업
④ 대형 : 배기량이 2,000cc 이상인 승용자동차(승차정원 6인승 이상 10인승 이하의 것만 해당), 배기량이 2,000cc 이상이고 승차정원이 13인승 이하인 승합자동차를 사용하는 택시운송사업

6 자동차의 고장, 교통사고 또는 천재지변 등으로 인한 사고발생 시에 국토교통부령으로 정하는 조치사항으로 바르지 않은 것은?

① 유류품의 보관
② 일반적인 응급수송수단의 마련
③ 가족, 그 외 연고자에 대한 신속한 통지
④ 사상자 보호 등 필요한 조치

● Advice 신속한 응급수송수단을 마련해야 한다(여객자동차 운수사업법 시행규칙 제41조).

7 다음 중 국토교통부장관 또는 시·도지사에게 보고하여야 하는 중대한 교통사고로 볼 수 없는 것은?

① 전복 사고
② 화재가 발생한 사고
③ 사망자 2명 이상의 사고
④ 중상자 2명 이상의 사고

● Advice 사고 시의 조치 등(여객자동차 운수사업법 제19조 제2항) … 운송사업자는 그 사업용 자동차에 다음의 어느 하나에 해당하는 사고(중대한 교통사고)가 발생한 경우 국토교통부령으로 정하는 바에 따라 지체 없이 국토교통부장관 또는 시·도지사에게 보고하여야 한다.
㉠ 전복(顚覆) 사고
㉡ 화재가 발생한 사고
㉢ 대통령령으로 정하는 수(數) 이상의 사람이 죽거나 다친 사고
• 사망자 2명 이상
• 사망자 1명과 중상자 3명 이상
• 중상자 6명 이상

8 택시운송사업용 자동차에 표시하여야 하는 사항이 아닌 것은?

① 자동차의 종류
② 관할관청
③ 플랫폼가맹사업자 상호
④ 호출번호

● Advice 택시운송사업용 자동차(고급형은 제외)에 표시하여야 하는 사항(여객자동차 운수사업법 시행규칙 제39조 제1항 제5호)
㉠ 자동차의 종류("경형", "소형", "중형", "대형", "모범")
㉡ 관할관청(특별시·광역시·특별자치시 및 특별자치도는 제외한다)
㉢ 여객자동차플랫폼운송가맹사업의 면허를 받은 자(플랫폼가맹사업자)의 상호
㉣ 그 밖에 시·도지사가 정하는 사항

정답 ▶ 4.② 5.③ 6.② 7.④ 8.④

9 운송사업자가 교통사고 또는 천재지변으로 사상자가 발생할 경우 취하여야 할 조치사항으로 볼 수 없는 것은?

① 신속한 응급수송수단의 마련
② 유류품의 폐기
③ 가족이나 그 밖의 연고자에 대한 신속한 통지
④ 사상자의 보호 등 필요한 조치

● Advice 사고 시의 조치 등〈여객자동차 운수사업법 시행규칙 제41조 제1항〉
㉠ 신속한 응급수송수단의 마련
㉡ 가족이나 그 밖의 연고자에 대한 신속한 통지
㉢ 유류품의 보관
㉣ 목적지까지 여객을 운송하기 위한 대체운송수단의 확보와 여객에 대한 편의의 제공
㉤ 그 밖에 사상자의 보호 등 필요한 조치

10 다음은 중대 교통사고 발생 시에 조치해야 하는 사항에 대한 설명이다. 괄호 안에 들어갈 말로 가장 옳은 것은?

> 24시간 이내에 사고의 일시·장소 및 피해사항 등 사고의 개략적인 상황을 관할 시·도지사에게 보고한 후 (　　) 이내에 사고보고서를 작성해 관할 시·도지사에게 제출하여야 한다.

① 30시간
② 48시간
③ 72시간
④ 98시간

● Advice 중대한 교통사고가 발생하였을 때에는 24시간 이내에 사고의 일시·장소 및 피해사항 등 사고의 개략적인 상황을 관할 시·도지사에게 보고한 후 72시간 이내에 사고보고서를 작성해 관할 시·도지사에게 제출하여야 한다〈여객자동차 운수사업법 시행규칙 제41조〉.

11 다음 중 운수종사자가 하여서는 안 되는 준수사항에 대한 설명으로 옳지 않은 것은?

① 정당한 사유 없이 여객의 승차를 거부하거나 여객을 중도에서 내리게 해서는 안 된다.
② 부당한 운임 또는 요금을 받아서는 안 된다.
③ 승하차할 여객이 없더라도 정차하지 아니하고 정류소를 지나쳐서는 안 된다.
④ 문을 완전히 닫지 아니한 상태에서 자동차를 출발시켜서는 안 된다.

● Advice 운수종사자의 준수 사항〈여객자동차 운수사업법 제26조 제1항〉… 운수종사자는 다음의 어느 하나에 해당하는 행위를 하여서는 아니 된다.
㉠ 정당한 사유 없이 여객의 승차(수요응답형 여객자동차운송사업의 경우 여객의 승차예약을 포함한다)를 거부하거나 여객을 중도에서 내리게 하는 행위(구역 여객자동차운송사업 중 대통령령으로 정하는 여객자동차운송사업은 제외한다.)
㉡ 부당한 운임 또는 요금을 받는 행위(구역 여객자동차운송사업 중 대통령령으로 정하는 여객자동차운송사업은 제외한다.)
㉢ 일정한 장소에 오랜 시간 정차하여 여객을 유치하는 행위
㉣ 문을 완전히 닫지 아니한 상태에서 자동차를 출발시키거나 운행하는 행위
㉤ 여객이 승하차하기 전에 자동차를 출발시키거나 승하차할 여객이 있는데도 정차하지 아니하고 정류소를 지나치는 행위
㉥ 안내방송을 하지 아니하는 행위(국토교통부령으로 정하는 자동차 안내방송 시설이 설치되어 있는 경우만 해당한다.)
㉦ 여객자동차운송사업용 자동차 안에서 흡연하는 행위
㉧ 휴식시간을 준수하지 아니하고 운행하는 행위
㉨ 운전 중에 방송 등 영상물을 수신하거나 재생하는 장치(휴대전화 등 운전자가 휴대하는 것을 포함하며, 이하 "영상표시장치"라 한다)를 이용하여 영상물 등을 시청하는 행위. 다만, 다음의 어느 하나에 해당하는 경우에는 그러하지 아니하다.
 • 지리안내 영상 또는 교통정보안내 영상
 • 국가비상사태·재난상황 등 긴급한 상황을 안내하는 영상

정답 9.② 10.③ 11.③

- 운전 시 자동차의 좌우 또는 전후방을 볼 수 있도록 도움을 주는 영상
ㅊ. 택시요금미터를 임의로 조작 또는 훼손하는 행위
ㅋ. 그 밖에 안전운행과 여객의 편의를 위하여 운수종사자가 지키도록 국토교통부령으로 정하는 사항을 위반하는 행위

12 사업용 택시운전자의 자격요건으로 옳지 않은 것은?

① 운전자격시험에 합격한 후 운전자격을 취득하여야 한다.
② 18세 이상으로 운전경력이 1년 이상이어야 한다.
③ 운전적성에 대한 정밀검사기준에 적합하여야 한다.
④ 사업용 자동차를 운전하기에 적합한 운전면허를 보유하여야 한다.

● Advice 20세 이상으로 운전경력이 1년 이상이어야 한다〈여객자동차 운수사업법 시행규칙 제49조 제1항 제2호〉.

13 택시운전자격시험 필기 시험과목이 아닌 것은?

① 교통 및 운수 관련 법규
② 응급조치 요령
③ 운송서비스
④ 지리

● Advice 택시운전자격시험 필기 시험과목〈여객자동차 운수사업법 시행규칙 제52조 제2호〉
ㄱ. 교통 및 운수 관련 법규
ㄴ. 안전운행 요령
ㄷ. 운송서비스
ㄹ. 지리에 관한 사항

14 다음 중 택시운전자격시험의 과목 중 안전운행요령과 운송서비스 과목을 면제받을 수 없는 자는?

① 택시운전자격을 취득한 자가 택시운전자격증명을 발급한 일반택시운송사업조합의 관할구역 밖의 지역에서 택시운전업무에 종사하려고 운전자격시험에 다시 응시하는 자
② 운전자격시험일부터 계산하여 과거 4년간 사업용 자동차를 3년 이상 무사고로 운전한 자
③ 무사고운전자 또는 유공운전자의 표시장을 받은 자
④ 운전자격시험일부터 계산하여 과거 3년간 개인용 자동차를 2년 이상 무사고로 운전한 자

● Advice 운전자격시험의 특례〈여객자동차 운수사업법 시행규칙 제54조 제1항〉… 한국교통안전공단은 다음의 어느 하나에 해당하는 자에 대하여는 필기시험의 과목 중 안전운행요령 및 운송서비스의 과목에 관한 시험을 면제할 수 있다.
ㄱ. 택시운전자격을 취득한 자가 택시운전자격증명을 발급한 일반택시운송사업조합의 관할구역 밖의 지역에서 택시운전업무에 종사하려고 운전자격시험에 다시 응시하는 자
ㄴ. 운전자격시험일부터 계산하여 과거 4년간 사업용 자동차를 3년 이상 무사고로 운전한 자
ㄷ. 도로교통법에 따른 무사고운전자 또는 유공운전자의 표시장을 받은 자

15 다음 중 택시운전자격증을 타인에게 대여한 경우 처분기준으로 적합한 것은?

① 자격정지 30일
② 자격정지 60일
③ 자격취소
④ 자격정지 10일

● Advice 택시운전자격증을 타인에게 대여한 경우에는 자격취소에 해당한다.

정답 ▶ 12.② 13.② 14.④ 15.③

16 여객자동차운송사업의 운전업무에 종사하기 위한 사람이 갖추어야 하는 항목 중 20세 이상으로서 해당 자동차 운전경력은 몇 년 이상이어야 하는가?

① 1년 이상
② 3년 이상
③ 5년 이상
④ 7년 이상

● Advice 여객자동차운송사업의 운전업무에 종사하기 위한 사람이 갖추어야 하는 항목 중 20세 이상으로서 해당 자동차 운전경력은 1년 이상이어야 한다〈여객자동차 운수사업법 시행규칙 제49조〉.

17 운전업무를 시작하기 전 운수종사자가 받아야 하는 교육내용으로 보기 어려운 것은?

① 서비스의 자세 및 운송질서의 확립
② 교통안전수칙
③ 응급처치의 방법
④ 도로교통사고감정 방법

● Advice 운수종사자의 교육 등〈여객자동차 운수사업법 제25조 제1항〉… 운수종사자는 국토교통부령으로 정하는 바에 따라 운전업무를 시작하기 전에 다음의 사항에 관한 교육을 받아야 한다.
㉠ 여객자동차 운수사업 관계 법령 및 도로교통 관계 법령
㉡ 서비스의 자세 및 운송질서의 확립
㉢ 교통안전수칙
㉣ 응급처치의 방법
㉤ 차량용 소화기 사용법 등 차량화재 발생 시 대응방법
㉥ 경제운전
㉦ 그 밖에 운전업무에 필요한 사항

18 다음 중 배기량 2,400cc 미만의 일반택시의 차령으로 옳은 것은?

① 4년 ② 5년
③ 6년 ④ 7년

● Advice 사업용 자동차의 차령

차종	차의 구분	차령
개인택시	경형·소형	5년
	배기량 2,400cc 미만	7년
	배기량 2,400cc 이상	9년
일반택시	경형·소형	3년 6개월
	배기량 2,400cc 미만	4년
	배기량 2,400cc 이상	6년

19 택시운송사업자가 미터기를 부착하지 아니하거나 사용하지 아니하여 여객을 운송한 경우 1차 과징금은 얼마인가?

① 20만 원
② 40만 원
③ 60만 원
④ 180만 원

● Advice 택시운송사업자가 미터기를 부착하지 않거나 사용하지 않고 여객을 운송한 경우 부과 과징금
㉠ 1차 : 40만 원
㉡ 2차 : 80만 원
㉢ 3차 이상 : 160만 원

02 택시 운송사업 발전 법령

01 목적 및 정의

① 목적〈법 제1조〉: 택시운송사업의 발전에 관한 사항을 규정함으로써 택시운송사업의 건전한 발전을 도모하여 택시운수종사자의 복지 증진과 국민의 교통편의 제고에 이바지함을 목적으로 한다.

② 정의〈법 제2조〉
  ㉠ 일반택시운송사업 : 운행계통을 정하지 아니하고 국토교통부령으로 정하는 사업구역에서 1개의 운송계약에 따라 국토교통부령으로 정하는 자동차를 사용하여 여객을 운송하는 사업
  ㉡ 개인택시운송사업 : 운행계통을 정하지 아니하고 국토교통부령으로 정하는 사업구역에서 1개의 운송계약에 따라 국토교통부령으로 정하는 자동차 1대를 사업자가 직접 운전하여 여객을 운송하는 사업
  ㉢ 택시운송사업면허 : 택시운송사업을 경영하기 위하여 「여객자동차 운수사업법」에 따라 받은 면허
  ㉣ 택시운송사업자 : 택시운송사업면허를 받아 택시운송사업을 경영하는 자
  ㉤ 택시운수종사자 : 「여객자동차 운수사업법」에 따라 운전업무 종사자격을 갖추고 택시운송사업의 운전업무에 종사하는 사람
  ㉥ 택시운수종사자단체 : 택시운수종사자가 조직하는 단체로서 대통령령으로 정하는 바에 따라 등록한 단체
  ㉦ 택시공영차고지 : 택시운송사업에 제공되는 차고지로서 특별시장·광역시장·특별자치시장·도지사·특별자치도지사 또는 시장·군수·구청장이 설치한 것
  ㉧ 택시공동차고지 : 택시운송사업에 제공되는 차고지로서 2인 이상의 일반택시운송사업자가 공동으로 설치 또는 임차하거나 「여객자동차 운수사업법」에 따른 조합 또는 연합회가 설치 또는 임차한 차고지

02 주요 법규내용

(1) 택시정책위원회〈법 제5조〉

① 국토교통부장관은 택시운송사업에 관한 중요 정책 등에 관한 사항을 심의하기 위하여 필요한 경우 택시정책위원회를 구성·운영할 수 있다.

② 심의사항
  ㉠ 택시운송사업의 면허제도에 관한 중요 사항
  ㉡ 사업구역별 택시 총량에 관한 사항
  ㉢ 사업구역 조정 정책(사업구역의 지정 및 변경을 포함)에 관한 사항
  ㉣ 택시운수종사자의 근로여건 개선에 관한 중요 사항
  ㉤ 택시운송사업의 서비스 향상에 관한 중요 사항
  ㉥ 택시운송사업 발전 기본계획의 수립 및 변경(경미한 사항의 변경은 제외한다)에 관한 사항
  ㉦ 그 밖에 택시운송사업에 관한 중요한 사항으로서 위원장이 회의에 부치는 사항

(2) 택시운송사업 발전 기본계획의 수립의 포함사항〈법 제6조〉

① 택시운송사업 정책의 기본방향에 관한 사항
② 택시운송사업의 여건 및 전망에 관한 사항
③ 택시운송사업면허 제도의 개선에 관한 사항
④ 택시운송사업의 구조조정 등 수급조절에 관한 사항
⑤ 택시운수종사자의 근로여건 개선에 관한 사항
⑥ 택시운송사업의 경쟁력 향상에 관한 사항
⑦ 택시운송사업의 관리역량 강화에 관한 사항
⑧ 택시운송사업의 서비스 개선 및 안전성 확보에 관한 사항
⑨ 그 밖에 택시운송사업의 육성 및 발전에 관한 사항으로서 대통령령으로 정하는 사항

03 과태료 〈법 제23조〉

위반행위	과태료 금액(만 원)		
	1회 위반	2회 위반	3회 위반
운송비용 전가 금지 조항에 해당하는 비용을 택시운송종사자에게 떠넘긴 경우	500	1,000	1,000
택시운수종사자 준수사항을 위반한 경우	20	40	60
보조금의 사용내역 등에 관한 보고를 하지 않거나 거짓으로 한 경우	25	50	50
보조금의 사용내역 등에 관한 서류 제출을 하지 않거나 거짓서류를 제출한 경우	50	75	100
택시운송사업자 등의 장부, 서류, 그 밖의 물건에 관한 검사를 정당한 사유 없이 거부 및 방해 또는 기피한 경우	50	75	100

실전 연습문제

1 「택시운송사업의 발전에 관한 법률」의 목적으로 볼 수 없는 것은?

① 택시운송사업의 건전한 발전을 도모
② 택시운수종사자의 복지 증진
③ 화물의 원활한 운송을 도모
④ 국민의 교통편의 제고에 이바지

● Advice 목적〈택시 운송사업의 발전에 관한 법률 제1조〉… 택시운송사업의 발전에 관한 사항을 규정함으로써 택시운송사업의 건전한 발전을 도모하여 택시운수종사자의 복지 증진과 국민의 교통편의 제고에 이바지함을 목적으로 한다.

2 다음 중 택시정책위원회의 심의사항이 아닌 것은?

① 택시운송사업의 경쟁력 향상에 관한 사항
② 사업구역별 택시 총량에 관한 사항
③ 택시운수종사자의 근로여건 개선에 관한 중요 사항
④ 택시운송사업의 서비스 향상에 관한 중요 사항

● Advice 택시정책위원회〈택시 운송사업의 발전에 관한 법률 제5조 제2항〉… 택시정책위원회는 다음의 사항을 심의한다.
  ㉠ 택시운송사업의 면허제도에 관한 중요 사항
  ㉡ 사업구역별 택시 총량에 관한 사항
  ㉢ 사업구역 조정 정책(사업구역의 지정 및 변경을 포함)에 관한 사항
  ㉣ 택시운수종사자의 근로여건 개선에 관한 중요 사항
  ㉤ 택시운송사업의 서비스 향상에 관한 중요 사항
  ㉥ 택시운송사업 발전 기본계획의 수립 및 변경(경미한 사항의 변경은 제외한다)에 관한 사항
  ㉦ 그 밖에 택시운송사업에 관한 중요한 사항으로서 위원장이 회의에 부치는 사항

3 다음 중 국토교통부령으로 정하는 재정 지원 대상 사업의 범위에 관한 설명 중 옳지 않은 것은?

① 택시운송사업자의 교육 및 연수 사업
② 택시운수종사자의 근로여건 개선 사업
③ 택시의 고급화 및 낡은 택시의 교체 사업
④ 택시운송사업자의 경영개선 및 연구개발 사업

● Advice 국토교통부령으로 정하는 재정 지원 대상 사업의 범위〈택시운송사업의 발전에 관한 법률 시행규칙 제7조〉
  ㉠ 택시운수종사자의 근로여건 개선 사업
  ㉡ 택시운송사업자의 경영개선 및 연구개발 사업
  ㉢ 택시운수종사자의 교육 및 연수 사업
  ㉣ 택시의 고급화 및 낡은 택시의 교체 사업
  ㉤ 그 밖에 택시운송사업의 육성 및 발전을 위하여 국토교통부장관이 필요하다고 인정하는 사업

4 운전업무 종사자격을 갖추고 택시운송사업의 운전업무에 종사하는 사람을 이르는 말은?

① 택시운송사업자
② 택시운수종사자
③ 택시공영차고지
④ 택시운송사업

● Advice 정의〈택시 운송사업의 발전에 관한 법률 제2조 제4호〉… "택시운수종사자"란 여객자동차 운수사업법에 따른 운전업무 종사자격을 갖추고 택시운송사업의 운전업무에 종사하는 사람을 말한다.

정답 》 1.③ 2.① 3.① 4.②

5 다음 재정지원에 해당하는 사업에 대하여 택시운송사업의 발전을 위한 사항으로서 "국토교통부령으로 정하는 사업"에 해당하지 않은 것은?

① 택시운수종사자의 교육 및 연수 사업
② 택시운송사업의 육성 및 발전을 위해 행정안전부장관이 필요하다고 인정하는 사업
③ 택시운수종사자의 근로여건 개선 사업
④ 택시운송사업자의 경영개선 및 연구개발 사업

● Advice 재정지원〈택시 운송사업의 발전에 관한 법률 제7조 제1항〉… 특별시·광역시·특별자치시·도·특별자치도(시·도)는 택시운송사업의 발전을 위하여 택시운송사업자 또는 택시운수종사자단체(㉰에 따른 사업을 실시하는 경우로 한정한다)에 다음의 어느 하나에 해당하는 사업에 대하여 조례로 정하는 바에 따라 필요한 자금의 전부 또는 일부를 보조 또는 융자할 수 있다.
㉠ 합병, 분할, 분할합병, 양도·양수 등을 통한 구조조정 또는 경영개선 사업
㉡ 사업구역별 택시 총량을 초과한 차량의 감차(減車) 사업
㉢ 택시운송사업에 사용되는 자동차(택시)의 「환경친화적 자동차의 개발 및 보급 촉진에 관한 법률」에 따른 환경친화적 자동차(친환경 택시)로의 대체 사업
㉣ 택시운송사업의 서비스 향상을 위한 시설·장비의 확충·개선·운영 사업
㉤ 서비스 교육 등 택시운수종사자에게 실시하는 교육 및 연수 사업
㉥ 그 밖에 택시운송사업의 발전을 위한 사항으로서 국토교통부령으로 정하는 사업
※ 국토교통부령으로 정하는 재정 지원 대상 사업의 범위〈택시운송사업의 발전에 관한 법률 시행규칙 제7조〉
• 택시운수종사자의 근로여건 개선 사업
• 택시운송사업자의 경영개선 및 연구개발 사업
• 택시운수종사자의 교육 및 연수 사업
• 택시의 고급화 및 낡은 택시의 교체 사업
• 그 밖에 택시운송사업의 육성 및 발전을 위하여 국토교통부장관이 필요하다고 인정하는 사업

6 다음 중 감차위원회의 위원으로 해당하지 않은 사람은 누구인가?

① 소속 공무원 중 택시 관련 업무 담당 공무원
② 사업구역 내 개인택시운송사업자의 대표자
③ 사업구역 내 일반택시운송사업자의 직원
④ 사업구역 내 택시운수종사자의 대표자

● Advice 감차위원회의 구성 등〈택시 운송사업의 발전에 관한 법률 시행령 제11조 제4항〉… 감차위원회의 위원은 다음의 어느 하나에 해당하는 사람 중에서 관할 시·도지사 또는 시장·군수가 임명하거나 위촉한다.
㉠ 소속 공무원 중 택시 관련 업무 담당 공무원
㉡ 사업구역 내 일반택시운송사업자의 대표자
㉢ 사업구역 내 개인택시운송사업자의 대표자
㉣ 사업구역 내 택시운수종사자의 대표자
㉤ 택시운송업무에 관하여 학식과 경험이 풍부한 사람으로서 전문가 단체나 시민단체 등에서 추천하는 전문가

7 군(광역시의 군은 제외한다) 지역을 제외한 사업구역의 일반택시운송사업자가 택시운수종사자에게 전가시켜서는 아니 되는 비용이 아닌 것은?

① 택시구입비   ② 유류비
③ 식비   ④ 세차비

● Advice 운송비용 전가 금지 등〈택시 운송사업의 발전에 관한 법률 제12조 제1항〉… 대통령령을 정하는 사업구역의 택시운송사업자(군(광역시의 군은 제외한다) 지역을 제외한 사업구역의 일반택시운송사업자)는 택시의 구입 및 운행에 드는 비용 중 다음의 비용을 택시운수종사자에게 부담시켜서는 아니 된다.
㉠ 택시 구입비(신규차량을 택시운수종사자에게 배차하면서 추가 징수하는 비용을 포함한다)
㉡ 유류비
㉢ 세차비
㉣ 택시운송사업자가 차량 내부에 붙이는 장비의 설치비 및 운영비
㉤ 그 밖에 택시의 구입 및 운행에 드는 비용으로서 대통령령으로 정하는 비용

정답 5.② 6.③ 7.③

8 다음 중 택시 운행정보에 해당하지 않는 것은?

① 주행거리
② 승차거리
③ 주유정보
④ 위치정보

● Advice 택시 운행정보의 범위〈택시운송사업의 발전에 관한 법률 시행규칙 제10조〉
  ㉠ 주행거리, 속도, 위치정보(GPS), 분당 회전 수(RPM), 브레이크신호, 가속도 등 「교통안전법」에 따른 운행기록장치에 기록된 정보
  ㉡ 승차일시, 승차거리, 영업거리, 요금정보 등 「자동차관리법」에 따른 택시요금미터에 기록된 정보

9 택시운수종사자의 준수사항으로 보기 어려운 것은?

① 정당한 사유 없이 여객의 승차를 거부하는 행위
② 부당한 운임 또는 요금을 받는 행위
③ 여객을 탑승하도록 하는 행위
④ 영수증 발급기가 설치되어 있는 경우 여객의 요구에도 불구하고 영수증 발급에 응하지 아니하는 행위

● Advice 택시운수종사자의 준사사항 등〈택시 운송사업의 발전에 관한 법률 제16조 제1항〉… 택시운수종사자는 다음의 어느 하나에 해당하는 행위를 하여서는 아니 된다.
  ㉠ 정당한 사유 없이 여객의 승차를 거부하거나 여객을 중도에서 내리게 하는 행위
  ㉡ 부당한 운임 또는 요금을 받는 행위
  ㉢ 여객을 합승하도록 하는 행위
  ㉣ 여객의 요구에도 불구하고 영수증 발급 또는 신용카드결제에 응하지 아니하는 행위(영수증발급기 및 신용카드결제기가 설치되어 있는 경우에 한정한다)

10 택시운수종사자 준수사항을 1회 위반한 경우의 과태료는?

① 5만 원
② 10만 원
③ 20만 원
④ 30만 원

● Advice 택시운수종사자 준수사항을 위반한 경우에 1회(20만 원), 2회(40만 원), 3회 이상(60만 원)이다.

11 다음 중 1차 위반 시 과태료의 금액이 가장 적은 것은?

① 택시운수종사자 준수사항을 위반한 경우
② 택시운송사업자가 보고를 하지 않거나 거짓으로 한 경우
③ 택시운송사업자가 서류제출을 하지 않거나 거짓 서류를 제출한 경우
④ 택시운송사업자가 검사를 정당한 사유 없이 거부·방해 또는 기피한 경우

● Advice ① 20만 원
② 25만 원
③ 50만 원
④ 50만 원

정답 ▶ 8.③ 9.③ 10.③ 11.①

03 도로교통법령

01 총칙

(1) 정의 〈법 제2조〉

① 도로 : 「도로법」에 따른 도로, 「유료도로법」에 따른 유료도로, 「농어촌도로 정비법」에 따른 농어촌도로, 그 밖에 현실적으로 불특정 다수의 사람 또는 차마가 통행할 수 있도록 공개된 장소로서 안전하고 원활한 교통을 확보할 필요가 있는 장소

② 자동차전용도로 : 자동차만 다닐 수 있도록 설치된 도로

③ 고속도로 : 자동차의 고속 운행에만 사용하기 위하여 지정된 도로

④ 차도 : 연석선, 안전표지나 그와 비슷한 인공구조물을 이용하여 경계를 표시하여 모든 차가 통행할 수 있도록 설치된 도로의 부분

⑤ 긴급자동차
  ㉠ 소방차
  ㉡ 구급차
  ㉢ 혈액 공급차량
  ㉣ 경찰용 자동차 중 범죄수사, 교통단속, 그 밖에 긴급한 경찰업무 수행에 사용되는 자동차
  ㉤ 국군 및 주한 국제연합군용 자동차 중 군 내부의 질서유지나 부대의 질서 있는 이동을 유도하는데 사용되는 자동차
  ㉥ 수사기관의 자동차 중 범죄수사를 위하여 사용되는 자동차
  ㉦ 교도소 및 소년교도소 또는 구치소, 소년원 또는 소년분류심사원, 보호관찰소의 자동차 중 도주자의 체포 또는 수용자, 보호관찰 대상자의 호송 및 경비를 위하여 사용되는 자동차
  ㉧ 국내외 요인에 대한 경호업무 수행에 공무로 사용되는 자동차

(2) 교통안전시설

① 주의표지 : 도로 상태가 위험하거나 도로 또는 그 부근에 위험물이 있는 경우에 필요한 안전조치를 할 수 있도록 이를 도로 사용자에게 알리는 표지

② 규제표지 : 도로교통의 안전을 위하여 각종 제한 및 금지 등의 규제를 하는 경우에 이를 도로 사용자에게 알리는 표지

③ 지시표지 : 도로의 통행 방법, 통행 구분 등 도로교통의 안전을 위하여 필요한 지시를 하는 경우에 도로 사용자가 이에 따르도록 알리는 표지

④ 보조표지 : 주의표지, 규제표지 또는 지시표지의 주기능을 보충하여 도로 사용자에게 알리는 표지

⑤ 노면표시 : 도로교통의 안전을 위하여 각종 주의·규제·지시 등의 내용을 노면에 기호·문자 또는 선으로 도로 사용자에게 알리는 표지

02 보행자의 통행방법

(1) 보행자의 통행 〈법 제8조〉

보행자는 보도와 차도가 구분된 도로에서는 언제나 보도로 통행하여야 한다. 다만, 차도를 횡단하는 경우, 도로공사 등으로 보도의 통행이 금지된 경우나 그 밖의 부득이한 경우에는 그러하지 아니하다.

(2) 차도를 통행할 수 있는 사람 또는 행렬 〈법 제9조〉

① 학생의 대열과 그 밖에 보행자의 통행에 지장을 줄 우려가 있다고 인정되는 경우에는 차도로 통행할 수 있다. 이 경우 행렬등은 차도의 우측으로 통행하여야 한다.

② 차도를 통행할 수 있는 사람 또는 행렬
　㉠ 말, 소 등의 큰 동물을 몰고 가는 사람
　㉡ 사다리, 목재, 그 밖에 보행자의 통행에 지장을 줄 우려가 있는 물건을 운반 중인 사람
　㉢ 도로에서 청소나 보수 등 작업을 하고 있는 사람
　㉣ 군부대나 그 밖에 이에 준하는 단체의 행렬
　㉤ 기(旗) 또는 현수막 등을 휴대한 행렬
　㉥ 장의(葬儀) 행렬

03 차마의 통행방법

(1) 차마의 운전자가 도로의 중앙이나 좌측 부분을 통행할 수 있는 경우

① 도로가 일방통행인 경우
② 도로의 파손, 도로공사나 그 밖의 장애 등으로 도로의 우측 부분을 통행할 수 없는 경우
③ 도로의 우측 부분의 폭이 6m가 되지 아니하는 도로에서 다른 차를 앞지르려는 경우. 다만, 도로의 좌측 부분을 확인할 수 없는 경우, 반대 방향의 교통을 방해할 우려가 있는 경우, 안전 표지 등으로 앞지르기를 금지하거나 제한하고 있는 경우에는 그러하지 아니하다.
④ 도로 우측 부분의 폭이 차마의 통행에 충분하지 아니한 경우
⑤ 가파른 비탈길의 구부러진 곳에서 교통의 위험을 방지하기 위하여 시·도 경찰청장이 필요하다고 인정하여 구간 및 통행 방법을 지정하고 있는 경우에 그 지정에 따라 통행하는 경우

(2) 차로에 따른 통행 구분〈시행규칙 제16조, 별표 9〉

도로	차로 구분	통행할 수 있는 차종
고속도로 외의 도로	왼쪽 차로	승용자동차 및 경형·소형·중형 승합자동차
	오른쪽 차로	대형승합자동차, 화물자동차, 특수자동차, 법 제2조제18호나목에 따른 건설기계, 이륜자동차, 원동기장치자전거(개인형 이동장치는 제외한다)
고속도로	편도 2차로	1차로	앞지르기를 하려는 모든 자동차. 다만, 차량통행량 증가 등 도로상황으로 인하여 부득이하게 시속 80킬로미터 미만으로 통행할 수밖에 없는 경우에는 앞지르기를 하는 경우가 아니라도 통행할 수 있다.
		2차로	모든 자동차
	편도 3차로 이상	1차로	앞지르기를 하려는 승용자동차 및 앞지르기를 하려는 경형·소형·중형 승합자동차. 다만, 차량통행량 증가 등 도로상황으로 인하여 부득이하게 시속 80킬로미터 미만으로 통행할 수밖에 없는 경우에는 앞지르기를 하는 경우가 아니라도 통행할 수 있다.
		왼쪽 차로	승용자동차 및 경형·소형·중형 승합자동차
		오른쪽 차로	대형 승합자동차, 화물자동차, 특수자동차, 법 제2조 제18호 나목에 따른 건설기계

(3) 자동차의 속도〈시행규칙 제19조〉

① 자동차 전용도로 상에서의 속도

최고속도 90km/h	최저속도 30km/h

② 고속도로 상에서의 속도

편도 2차로 이상의 고속도로	승용차, 승합차, 화물자동차(적재중량 1.5톤 이하)	최고속도 100km/h 최저속도 50km/h
	화물자동차(적재중량 1.5톤 초과), 위험물 운반자동차, 건설기계, 특수자동차	최고속도 80km/h 최저속도 50km/h
편도 1차로의 고속도로	모든 자동차	최고속도 80km/h 최저속도 50km/h

경찰청장이 지정·고시한 노선 또는 구간	승용차, 승합차, 화물자동차(적재중량 1.5톤 이하)	최고속도 120km/h 최저속도 50km/h
	화물자동차(적재중량 1.5톤 초과), 위험물운반자동차, 건설기계, 특수자동차	최고속도 90km/h 최저속도 50km/h

③ 비·안개·눈 등으로 인한 악천후 시 감속운행

최고속도의 $\frac{20}{100}$	• 비가 내려 노면이 젖어있는 경우 • 눈이 20mm 미만 쌓인 경우
최고속도의 $\frac{50}{100}$	• 폭우, 폭설, 안개 등으로 가시거리가 100m 이내인 경우 • 노면이 얼어붙은 경우 • 눈이 20mm 이상 쌓인 경우

04 운전자 및 고용주 등의 의무

(1) 운전 등의 금지

① 무면허운전 등의 금지〈법 제43조〉: 누구든지 시·도경찰청장으로부터 운전면허를 받지 아니하거나 운전면허의 효력이 정지된 경우에는 자동차 등을 운전하여서는 아니 된다.

② 술에 취한 상태에서의 운전금지〈법 제44조 제1항〉: 누구든지 술에 취한 상태(혈중알코올농도가 0.03% 이상)에서 자동차 등(건설기계를 포함), 노면전차 또는 자전거를 운전하여서는 아니 된다.

(2) 모든 운전자의 준수사항〈법 제49조〉

① 물이 고인 곳을 운행할 때에는 고인 물을 튀게 하여 다른 사람에게 피해를 주는 일이 없도록 할 것

② 자동차의 앞면 창유리와 운전석 좌우 옆면 창유리의 가시광선의 투과율이 대통령령으로 정하는 기준보다 낮아 교통안전 등에 지장을 줄 수 있는 차를 운전하지 아니할 것

③ 교통단속용 장비의 기능을 방해하는 장치를 한 차나 그 밖에 안전운전에 지장을 줄 수 있는 것으로서 행정안전부령으로 정하는 기준에 적합하지 아니한 장치를 한 차를 운전하지 아니할 것. 다만, 자율주행자동차의 신기술 개발을 위한 장치를 장착하는 경우에는 그러하지 아니하다.

④ 도로에서 자동차등 또는 노면전차를 세워둔 채 시비·다툼 등의 행위를 하여 다른 차마의 통행을 방해하지 아니할 것

⑤ 운전자가 차 또는 노면전차를 떠나는 경우에는 교통사고를 방지하고 다른 사람이 함부로 운전하지 못하도록 필요한 조치를 할 것

⑥ 운전자는 안전을 확인하지 아니하고 차 또는 노면전차의 문을 열거나 내려서는 아니 되며, 동승자가 교통의 위험을 일으키지 아니하도록 필요한 조치를 할 것

05 고속도로등에서의 특례

(1) 고속도로등에서의 정차 및 주차의 금지〈법 제64조〉

자동차의 운전자는 고속도로 등에서 차를 정차하거나 주차시켜서는 아니 된다. 다만, 다음에 해당하는 경우에는 그러하지 아니하다.

① 법령의 규정 또는 경찰공무원의 지시에 따르거나 위험을 방지하기 위하여 일시 정차 또는 주차시키는 경우

② 정차 또는 주차할 수 있도록 안전표지를 설치한 곳이나 정류장에서 정차 또는 주차시키는 경우

③ 고장이나 그 밖의 부득이한 사유로 길가장자리 구역(갓길을 포함)에 정차 또는 주차시키는 경우

④ 통행료를 내기 위하여 통행료를 받는 곳에서 정차하는 경우

⑤ 도로의 관리자가 고속도로 등을 보수·유지 또는 순회하기 위하여 정차 또는 주차시키는 경우

⑥ 경찰용 긴급자동차가 고속도로 등에서 범죄수사, 교통단속이나 그 밖의 경찰 임무를 수행하기 위하여 정차 또는 주차시키는 경우

⑦ 교통이 밀리거나 그 밖의 부득이한 사유로 움직일 수 없을 때에 고속도로 등의 차로에 일시 정차 또는 주차시키는 경우

(2) 운전자의 고속도로 등에서의 준수사항〈법 제67조〉

고속도로 등을 운행하는 자동차의 운전자는 교통의 안전과 원활한 소통을 확보하기 위하여 고장 자동차의 표지를 항상 비치하며, 고장이나 그 밖의 부득이한 사유로 자동차를 운행할 수 없게 되었을 때에는 자동차를 도로의 우측 가장자리에 정지시키고 행정안전부령으로 정하는 바에 따라 그 표지를 설치하여야 한다.

06 교통안전교육

(1) 특별교통 안전교육〈시행령 38조〉

특별교통안전 의무교육 및 특별교통안전 권장 교육은 다음의 사항에 대하여 강의·시청각교육 또는 현장 체험 교육 등의 방법으로 3시간 이상 48시간 이하로 각각 실시한다.

① 교통질서

② 교통사고와 그 예방

③ 안전운전의 기초

④ 교통법규와 안전

⑤ 운전면허 및 자동차관리

⑥ 그 밖에 교통안전의 확보를 위하여 필요한 사항

(2) 75세 이상 교통안전교육〈법 제73조〉

① 노화와 안전운전에 관한 사항

② 약물과 운전에 관한 사항

③ 기억력과 판단능력 등 인지능력별 대처에 관한 사항

④ 교통관련 법령 이해에 관한 사항

07 운전면허

(1) 운전면허 종별 운전할 수 있는 차의 종류〈시행규칙 제53조〉

운전면허		운전할 수 있는 차량
종별	구분	
제1종	대형면허	• 승용자동차 • 승합자동차 • 화물자동차 • 건설기계 -덤프트럭, 아스팔트살포기, 노상 안정기 -콘크리트 믹서트럭, 콘크리트펌프, 천공기(트럭적재식) -콘크리트 믹서 트레일러, 아스팔트 콘크리트 재생기 -도로보수 트럭, 3톤 미만의 지게차, 트럭지게차 • 특수자동차(대형견인차, 소형견인차 및 구난차는 제외) • 원동기장치자전거
	보통면허	• 승용자동차 • 승차정원 15인 이하의 승합자동차 • 적재중량 12톤 미만의 화물자동차 • 건설기계(도로를 운행하는 3톤 미만의 지게차에 한정) • 총중량 10톤 미만의 특수자동차(구난차 등은 제외) • 원동기장치자전거
	소형면허	• 3륜 화물자동차 • 3륜 승용자동차 • 원동기장치자전거
	특수면허 대형견인차	• 견인형 특수자동차 • 제2종 보통면허로 운전할 수 있는 차량
	특수면허 소형견인차	• 총중량 3.5톤 이하의 견인형 특수자동차 • 제2종 보통면허로 운전할 수 있는 차량
	특수면허 구난차	• 구난형 특수자동차 • 제2종 보통면허로 운전할 수 있는 차량

제2종	보통면허	• 승용자동차 • 승차정원 10인 이하의 승합자동차 • 적재중량 4톤 이하의 화물자동차 • 총중량 3.5톤 이하의 특수자동차(구난차 등은 제외) • 원동기장치자전거
	소형면허	• 이륜자동차 • 원동기장치자전거

(2) 운전면허 처분에 대한 이의신청〈법 제94조〉

① 운전면허의 취소처분 또는 정지처분이나 연습운전면허 취소처분에 대하여 이의가 있는 사람은 그 처분을 받은 날부터 60일 이내에 행정안전부령으로 정하는 바에 따라 시·도경찰청장에게 이의를 신청할 수 있다.

② 시·도경찰청장은 ①에 따른 이의를 심의하기 위하여 행정안전부령으로 정하는 바에 따라 운전면허행정처분 이의심의위원회를 두어야 한다.

③ 이의를 신청한 사람은 그 이의신청과 관계없이 「행정심판법」에 따른 행정심판을 청구할 수 있다. 이 경우 이의를 신청하여 그 결과를 통보받은 사람(결과를 통보받기 전에 「행정심판법」에 따른 행정심판을 청구한 사람은 제외)은 통보받은 날부터 90일 이내에 「행정심판법」에 따른 행정심판을 청구할 수 있다.

08 운전면허 취소·정지처분 기준

(1) 벌점의 종합관리

① 누산점수의 관리 : 법규위반 또는 교통사고로 인한 벌점은 행정처분기준을 적용하고자 하는 당해 위반 또는 사고가 있었던 날을 기준으로 하여 과거 3년간의 모든 벌점을 누산하여 관리한다.

② 무위반·무사고기간 경과로 인한 벌점 소멸 : 처분벌점이 40점 미만인 경우에, 최종의 위반일 또는 사고일로부터 위반 및 사고 없이 1년이 경과한 때에는 그 처분벌점은 소멸한다.

(2) 벌점 등 초과로 인한 운전면허의 취소·정지

① 벌점·누산점수 초과로 인한 면허 취소 : 1회의 위반·사고로 인한 벌점 또는 연간 누산점수가 다음 표의 벌점 또는 누산점수에 도달한 때에는 그 운전면허를 취소한다.

기간	벌점 또는 누산점수
1년간	121점 이상
2년간	201점 이상
3년간	271점 이상

② 벌점·처분벌점 초과로 인한 면허 정지 : 운전면허 정지처분은 1회의 위반·사고로 인한 벌점 또는 처분벌점이 40점 이상이 된 때부터 결정하여 집행하되, 원칙적으로 1점을 1일로 계산하여 집행한다.

(3) 자동차 등의 운전 중 교통사고를 발생시킨 때

구분		벌점	내용
인적피해 교통사고	사망 1명마다	90	사고발생 시부터 72시간 이내 사망할 시
	중상 1명마다	15	3주 이상의 치료를 요하는 의사의 진단이 있는 사고
	경상 1명마다	5	3주 미만 5일 이상의 치료를 요하는 의사의 진단이 있는 사고
	부상신고 1명마다	2	5일 미만의 치료를 요하는 의사의 진단이 있는 사고

실전 연습문제

1 「도로교통법」의 목적은?

① 여객자동차 운수사업에 관한 질서를 확립하고 여객의 원활한 운송과 여객자동차 운수사업의 종합적인 발달을 도모하여 공공복리를 증진하는 것을 목적으로 한다.
② 도로에서 일어나는 교통상의 모든 위험과 장해를 방지하고 제거하여 안전하고 원활한 교통을 확보함을 목적으로 한다.
③ 택시운송사업의 발전에 관한 사항을 규정함으로써 택시운송사업의 건전한 발전을 도모하여 택시운수종사자의 복지 증진과 국민의 교통편의 제고에 이바지함을 목적으로 한다.
④ 업무상과실 또는 중대한 과실로 교통사고를 일으킨 운전자에 관한 형사처벌 등의 특례를 정함으로써 교통사고로 인한 피해의 신속한 회복을 촉진하고 국민생활의 편익을 증진함을 목적으로 한다.

● Advice ② 「도로교통법」 제1조
① 「여객자동차 운수사업법」의 목적
③ 「택시운송사업의 발전에 관한 법률」의 목적
④ 「교통사고처리 특례법」의 목적

2 「도로교통법」의 목적이 아닌 것은?

① 도로에서 일어나는 교통상의 위험을 방지한다.
② 도로에서 일어나는 교통상의 장해를 제거한다.
③ 안전하고 원활한 교통을 확보한다.
④ 도로 사용 요금 징수를 편리하게 한다.

● Advice 목적〈도로교통법 제1조〉… 이 법은 도로에서 일어나는 교통상의 모든 위험과 장해를 방지하고 제거하여 안전하고 원활한 교통을 확보함을 목적으로 한다.

3 다음 중 「도로교통법」에 규정된 도로로 틀린 것은?

① 「도로법」에 따른 도로
② 「유료도로법」에 따른 유료도로
③ 「농어촌도로 정비법」에 따른 농어촌도로
④ 그 밖에 현실적으로 특정 소수의 사람 또는 차마가 통행할 수 있도록 공개된 장소로서 안전하고 원활한 교통을 확보할 필요가 있는 장소

● Advice 도로〈도로교통법 제2조 제1호〉… 도로란 다음 각 목에 해당하는 곳을 말한다.
㉠ 「도로법」에 따른 도로
㉡ 「유료도로법」에 따른 유료도로
㉢ 「농어촌도로 정비법」에 따른 농어촌도로
㉣ 그 밖에 현실적으로 불특정 다수의 사람 또는 차마가 통행할 수 있도록 공개된 장소로서 안전하고 원활한 교통을 확보할 필요가 있는 장소

정답 ▶ 1.② 2.④ 3.④

4 「도로교통법」에 규정된 용어 정의로 잘못된 것은?

① 자동차전용도로란 자동차만 다닐 수 있도록 설치된 도로를 말한다.
② 고속도로란 자동차의 고속 운행에만 사용하기 위하여 지정된 도로를 말한다.
③ 차로란 차로와 차로를 구분하기 위하여 그 경계지점을 안전표지로 표시한 선을 말한다.
④ 보도란 연석선, 안전표지나 그와 비슷한 인공구조물로 경계를 표시하여 보행자가 통행할 수 있도록 한 도로의 부분을 말한다.

● Advice ③ 차로란 차마가 한 줄로 도로의 정하여진 부분을 통행하도록 차선으로 구분한 차도의 부분을 말한다. 차로와 차로를 구분하기 위하여 그 경계지점을 안전표지로 표시한 선은 차선이다.

5 차마의 통행 방향을 명확하게 구분하기 위하여 도로에 황색 실선이나 황색 점선 등의 안전표지로 표시한 선 또는 중앙분리대나 울타리 등으로 설치한 시설물은?

① 중앙선   ② 연석선
③ 차선   ④ 주차선

● Advice 중앙선이란 차마의 통행 방향을 명확하게 구분하기 위하여 도로에 황색 실선이나 황색 점선 등의 안전표지로 표시한 선 또는 중앙분리대나 울타리 등으로 설치한 시설물을 말한다. 다만, 가변차로가 설치된 경우에는 신호기가 지시하는 진행방향의 가장 왼쪽에 있는 황색 점선을 말한다.〈도로교통법 제2조 제5호〉

6 자전거도로가 아닌 것은?

① 자전거 전용도로
② 자전거·보행자 겸용도로
③ 자전거 우회도로
④ 자전거 전용차로

● Advice 자전거도로의 구분〈자전거 이용 활성화에 관한 법률 제3조〉
㉠ 자전거 전용도로 : 자전거만 통행할 수 있도록 분리대, 경계석, 그 밖에 이와 유사한 시설물에 의하여 차도 및 보도와 구분하여 설치한 자전거도로
㉡ 자전거·보행자 겸용도로 : 자전거 외에 보행자도 통행할 수 있도록 분리대, 경계석, 그 밖에 이와 유사한 시설물에 의하여 차도와 구분하거나 별도로 설치한 자전거도로
㉢ 자전거 전용차로 : 차도의 일정 부분을 자전거만 통행하도록 차선 및 안전표지나 노면표시로 다른 차가 통행하는 차로와 구분한 차로
㉣ 자전거 우선도로 : 자동차의 통행량이 대통령령으로 정하는 기준보다 적은 도로의 일부 구간 및 차로를 정하여 자전거와 다른 차가 상호 안전하게 통행할 수 있도록 도로에 노면표시로 설치한 자전거도로

7 보행자가 도로를 횡단할 수 있도록 안전표지로 표시한 도로의 부분은?

① 길가장자리구역   ② 횡단보도
③ 교차로   ④ 안전지대

● Advice ① 길가장자리구역 : 보도와 차도가 구분되지 아니한 도로에서 보행자의 안전을 확보하기 위하여 안전표지 등으로 경계를 표시한 도로의 가장자리 부분
③ 교차로 : '십'자로, 'T'자로나 그 밖에 둘 이상의 도로가 교차하는 부분
④ 안전지대 : 도로를 횡단하는 보행자나 통행하는 차마의 안전을 위하여 안전표지나 이와 비슷한 인공구조물로 표시한 도로의 부분

정답 ▶ 4.③ 5.① 6.③ 7.②

8 다음 중 「도로교통법」에서 규정하고 있는 자동차가 아닌 것은?

① 승용자동차
② 승합자동차
③ 원동기장치자전거
④ 특수자동차

● Advice 자동차란 철길이나 가설된 선을 이용하지 아니하고 원동기를 사용하여 운전되는 차(견인되는 자동차도 자동차의 일부로 본다)로서 다음의 차를 말한다.〈도로교통법 제2조 제18호〉
㉠ 「자동차관리법」에 따른 다음의 자동차. 다만, 원동기장치자전거는 제외한다.
• 승용자동차
• 승합자동차
• 화물자동차
• 특수자동차
• 이륜자동차
㉡ 「건설기계관리법」에 따른 건설기계

9 보행자의 통행에 지장을 줄 우려가 있다고 인정되는 경우 차도를 통행할 수 있는데 다음 중 차도를 통행할 수 있는 사람 또는 행렬로 옳지 않은 것은?

① 군부대나 그 밖에 이에 준하는 단체의 행렬
② 장의(葬儀) 행렬
③ 도로에서 청소나 보수 등 작업을 하고 있는 사람
④ 강아지, 고양이 등의 작은 동물을 몰고 가는 사람

● Advice 차도를 통행할 수 있는 사람 또는 행렬은 다음과 같다. 〈도로교통법 시행령 제7조〉
• 말, 소 등의 큰 동물을 몰고 가는 사람
• 사다리, 목재, 그 밖에 보행자의 통행에 지장을 줄 우려가 있는 물건을 운반 중인 사람
• 도로에서 청소나 보수 등 작업을 하고 있는 사람
• 군부대나 그 밖에 이에 준하는 단체의 행렬
• 기(旗) 또는 현수막 등을 휴대한 행렬
• 장의(葬儀) 행렬

10 다음 중 긴급자동차가 아닌 것은?

① 소방차
② 구급차
③ 혈액 공급차량
④ 현금 수송차량

● Advice 긴급자동차〈도로교통법 제2조 제22호〉
㉠ 소방차
㉡ 구급차
㉢ 혈액 공급차량
㉣ 그 밖에 대통령령으로 정하는 자동차
• 경찰용 자동차 중 범죄수사, 교통단속, 그 밖의 긴급한 경찰업무 수행에 사용되는 자동차
• 국군 및 주한 국제연합군용 자동차 중 군 내부의 질서 유지나 부대의 질서 있는 이동을 유도하는 데 사용되는 자동차
• 수사기관의 자동차 중 범죄수사를 위하여 사용되는 자동차
• 다음의 어느 하나에 해당하는 시설 또는 기관의 자동차 중 도주자의 체포 또는 수용자, 보호관찰 대상자의 호송·경비를 위하여 사용되는 자동차
–교도소·소년교도소 또는 구치소
–소년원 또는 소년분류심사원
–보호관찰소
• 국내외 요인(要人)에 대한 경호업무 수행에 공무로 사용되는 자동차
• 전기사업, 가스사업, 그 밖의 공익사업을 하는 기관에서 위험 방지를 위한 응급작업에 사용되는 자동차
• 민방위업무를 수행하는 기관에서 긴급예방 또는 복구를 위한 출동에 사용되는 자동차
• 도로관리를 위하여 사용되는 자동차 중 도로상의 위험을 방지하기 위한 응급작업에 사용되거나 운행이 제한되는 자동차를 단속하기 위하여 사용되는 자동차
• 전신·전화의 수리공사 등 응급작업에 사용되는 자동차
• 긴급한 우편물의 운송에 사용되는 자동차
• 전파감시업무에 사용되는 자동차
※ 이 외에 경찰용 긴급자동차에 의하여 유도되고 있는 자동차, 국군 및 주한 국제연합군용의 긴급자동차에 의하여 유도되고 있는 국군 및 주한 국제연합군의 자동차, 생명이 위급한 환자 또는 부상자나 수혈을 위한 혈액을 운송 중인 자동차는 긴급자동차로 본다.

정답 8.③ 9.④ 10.④

11 다음 중 「도로교통법」에 규정된 어린이통학버스를 운행할 수 있는 시설이 아닌 것은?

① 「유아교육법」에 따른 유치원, 「고등교육법」에 따른 대학 및 전문대학
② 「영유아보육법」에 따른 어린이집
③ 「학원의 설립·운영 및 과외교습에 관한 법률」에 따라 설립된 학원
④ 「체육시설의 설치·이용에 관한 법률」에 따라 설립된 체육시설

> **Advice** 어린이통학버스〈도로교통법 제2조 제23호〉… 어린이통학버스란 다음의 시설 가운데 어린이(13세 미만인 사람)를 교육 대상으로 하는 시설에서 어린이의 통학 등에 이용되는 자동차와 「여객자동차 운수사업법」에 따른 여객자동차운송사업의 한정면허를 받아 어린이를 여객 대상으로 하여 운행되는 운송사업용 자동차를 말한다.
> ㉠ 「유아교육법」에 따른 유치원 및 유아교육진흥원, 「초·중등교육법」에 따른 초등학교, 특수학교, 대안학교 및 외국인학교
> ㉡ 「영유아보육법」에 따른 어린이집
> ㉢ 「학원의 설립·운영 및 과외교습에 관한 법률」에 따라 설립된 학원 및 교습소
> ㉣ 「체육시설의 설치·이용에 관한 법률」에 따라 설립된 체육시설
> ㉤ 「아동복지법」에 따른 아동복지시설(아동보호전문기관은 제외한다)
> ㉥ 「청소년활동 진흥법」에 따른 청소년수련시설
> ㉦ 「장애인복지법」에 따른 장애인복지시설(장애인 직업재활시설은 제외한다)
> ㉧ 「도서관법」에 따른 공공도서관
> ㉨ 「평생교육법」에 따른 시·도평생교육진흥원 및 시·군·구평생학습관
> ㉩ 「사회복지사업법」에 따른 사회복지시설 및 사회복지관

12 운전자가 승객을 기다리거나 화물을 싣거나 차가 고장 나거나 그 밖의 사유로 차를 계속 정지 상태에 두는 것 또는 운전자가 차에서 떠나서 즉시 그 차를 운전할 수 없는 상태에 두는 것은?

① 정지 ② 정차
③ 주차 ④ 출차

> **Advice** 주차란 운전자가 승객을 기다리거나 화물을 싣거나 차가 고장 나거나 그 밖의 사유로 차를 계속 정지 상태에 두는 것 또는 운전자가 차에서 떠나서 즉시 그 차를 운전할 수 없는 상태에 두는 것을 말한다.〈도로교통법 제2조 제24호〉

13 정차란 주차 외의 정지 상태로 운전자가 몇 분을 초과하지 아니하고 차를 정지시키는 것을 말하는가?

① 3분 ② 5분
③ 10분 ④ 15분

> **Advice** 정차란 운전자가 5분을 초과하지 아니하고 차를 정지시키는 것으로서 주차 외의 정지 상태를 말한다.〈도로교통법 제2조 제25호〉

14 무사고운전자 또는 유공운전자의 표시장을 받거나 2년 이상 사업용 자동차 운전에 종사하면서 교통사고를 일으킨 전력이 없는 사람으로서 경찰청장이 정하는 바에 따라 선발되어 교통안전 봉사활동에 종사하는 사람은?

① 모범운전자 ② 초보운전자
③ 숙련운전자 ④ 안전운전자

> **Advice** 모범운전자란 무사고운전자 또는 유공운전자의 표시장을 받거나 2년 이상 사업용 자동차 운전에 종사하면서 교통사고를 일으킨 전력이 없는 사람으로서 경찰청장이 정하는 바에 따라 선발되어 교통안전 봉사활동에 종사하는 사람을 말한다.〈도로교통법 제2조 제33호〉

정답 ▶ 11.① 12.③ 13.② 14.①

15 차량신호등 원형등화에서 '황색등화의 점멸'이 의미하는 것은?

① 차마는 직진 또는 우회전할 수 있다.
② 비보호좌회전표지 또는 비보호좌회전표시가 있는 곳에서는 좌회전할 수 있다.
③ 차마는 정지선이 있거나 횡단보도가 있을 때에는 그 직전에 진입하기 전이라도 신속이 교차로 밖으로 진행하여야 한다.
④ 차마는 우회전할 수 있고 우회전하는 경우에는 보행자의 횡단을 방해하지 못한다.

● Advice 신호기가 표시하는 종류 및 신호의 뜻〈도로교통법 시행규칙 별표2〉

구분	신호의 종류	신호의 뜻
차량신호등	원형등화 녹색의 등화	1. 차마는 직진 또는 우회전할 수 있다. 2. 비보호좌회전표지 또는 비보호좌회전표시가 있는 곳에서는 좌회전할 수 있다.
	황색의 등화	1. 차마는 정지선이 있거나 횡단보도가 있을 때에는 그 직전이나 교차로의 직전에 정지하여야 하며, 이미 교차로에 차마의 일부라도 진입한 경우에는 신속히 교차로 밖으로 진행하여야 한다. 2. 차마는 우회전할 수 있고 우회전하는 경우에는 보행자의 횡단을 방해하지 못한다.

16 보행자의 통행에 대한 설명으로 옳지 않은 것은?

① 보행자는 보도와 차도가 구분된 도로에서는 언제나 보도로 통행하여야 한다.
② 보행자는 보도와 차도가 구분되지 아니한 도로에서는 차마와 마주보는 방향의 길가장자리 또는 길가장자리구역으로 통행하여야 한다.
③ 도로의 통행방향이 일방통행인 경우에는 차마를 마주보지 아니하고 통행할 수 있다.
④ 보행자는 보도에서 좌측통행을 원칙으로 한다.

● Advice 보행자의 통행〈도로교통법 제8조〉
㉠ 보행자는 보도와 차도가 구분된 도로에서는 언제나 보도로 통행하여야 한다. 다만, 차도를 횡단하는 경우, 도로공사 등으로 보도의 통행이 금지된 경우나 그 밖의 부득이한 경우에는 그러하지 아니하다.
㉡ 보행자는 보도와 차도가 구분되지 아니한 도로에서는 차마와 마주보는 방향의 길가장자리 또는 길가장자리구역으로 통행하여야 한다. 다만, 도로의 통행방향이 일방통행인 경우에는 차마를 마주보지 아니하고 통행할 수 있다.
㉢ 보행자는 보도에서 우측통행을 원칙으로 한다.

17 다음 중 행렬 등의 통행에서 도로의 중앙을 통행할 수 있는 경우는?

① 사회적으로 중요한 행사에 따라 시가를 행진하는 경우
② 사다리, 목재, 그 밖에 보행자의 통행에 지장을 줄 우려가 있는 물건을 운반 중인 경우
③ 군부대나 그 밖에 이에 준하는 단체의 행렬인 경우
④ 기(旗) 또는 현수막 등을 휴대한 행렬

● Advice ① 행렬 등은 사회적으로 중요한 행사에 따라 시가를 행진하는 경우에는 도로의 중앙을 통행할 수 있다.〈도로교통법 제9조 제2항〉

정답 15.④ 16.④ 17.①

18 보행자의 도로 횡단에 대한 설명으로 틀린 것은?

① 보행자는 횡단보도, 지하도, 육교나 그 밖의 도로 횡단시설이 설치되어 있는 도로에서는 그 곳으로 횡단하여야 한다.
② 지하도나 육교 등의 도로 횡단시설을 이용할 수 없는 지체장애인의 경우에는 다른 교통에 방해가 되지 아니하는 방법으로 도로 횡단시설을 이용하지 아니하고 도로를 횡단할 수 있다.
③ 보행자는 횡단보도가 설치되어 있지 아니한 도로에서는 가장 긴 거리로 횡단하여야 한다.
④ 보행자는 안전표지 등에 의하여 횡단이 금지되어 있는 도로의 부분에서는 그 도로를 횡단하여서는 아니 된다.

● Advice 도로의 횡단〈도로교통법 제10조 제3항〉
③ 보행자는 횡단보도가 설치되어 있지 아니한 도로에서는 가장 짧은 거리로 횡단하여야 한다.

19 다음 중 고속도로외의 도로에서 왼쪽 차로를 통행할 수 있는 차종은?

① 대형승합자동차
② 승용자동차
③ 화물자동차
④ 원동기장치자전거

● Advice 차로에 따른 통행차의 기준〈도로교통법 시행규칙 별표9〉

도로	차로 구분	신호의 뜻
고속도로외의 도로	왼쪽 차로	승용자동차 및 경형·소형·중형 승합자동차
	오른쪽 차로	대형승합자동차, 화물자동차, 특수자동차, 법제2조제18호나목에 따른 건설기계, 이륜자동차, 원동기장치자전거(개인형 이동장치는 제외한다.)

20 차마의 운전자가 도로의 중앙이나 좌측 부분을 통행할 수 있는 경우가 아닌 것은?

① 도로가 일방통행인 경우
② 도로의 파손으로 우측 부분으로 통행할 수 없는 경우
③ 도로 우측 부분의 폭이 차마의 통행에 충분한 경우
④ 도로 우측 부분의 폭이 6미터가 되지 아니하는 도로에서 다른 차를 앞지르려는 경우

● Advice 차마의 운전자는 다음의 어느 하나에 해당하는 경우에는 도로의 중앙이나 좌측 부분을 통행할 수 있다.〈도로교통법 제13조 제4항〉
㉠ 도로가 일방통행인 경우
㉡ 도로의 파손, 도로공사나 그 밖의 장애 등으로 도로의 우측 부분을 통행할 수 없는 경우
㉢ 도로 우측 부분의 폭이 6미터가 되지 아니하는 도로에서 다른 차를 앞지르려는 경우. 다만, 다음의 어느 하나에 해당하는 경우에는 그러하지 아니하다.
• 도로의 좌측 부분을 확인할 수 없는 경우
• 반대 방향의 교통을 방해할 우려가 있는 경우
• 안전표지 등으로 앞지르기를 금지하거나 제한하고 있는 경우
㉣ 도로 우측 부분의 폭이 차마의 통행에 충분하지 아니한 경우
㉤ 가파른 비탈길의 구부러진 곳에서 교통의 위험을 방지하기 위하여 지방경찰청장이 필요하다고 인정하여 구간 및 통행방법을 지정하고 있는 경우에 그 지정에 따라 통행하는 경우

정답 ▶ 18.③ 19.② 20.③

21 다음 중 서행할 장소로 가장 부적절한 것은?

① 비탈길의 고갯마루 부근
② 교통정리를 하고 있는 교차로
③ 도로가 구부러진 부근
④ 가파른 비탈길의 내리막

> **Advice** 서행할 장소는 다음과 같다〈도로교통법 제31조〉.
> • 교통정리를 하고 있지 않은 교차로
> • 도로가 구부러진 부근
> • 비탈길의 고갯마루 부근
> • 가파른 비탈길의 내리막
> • 시도경찰청장이 도로에서의 위험을 방지하고 교통의 안전과 원활한 소통을 확보하기 위해 필요하다고 인정하여 안전표지로 지정한 곳

22 편도 1차로의 고속도로에서 최고속도는?

① 매시 80km 이내
② 매시 90km 이내
③ 매시 100km 이내
④ 제한 없음

> **Advice** 편도 1차로의 고속도로에서 최고속도는 매시 80킬로미터, 최저속도는 매시 50키로미터이다.

23 최고속도가 매시 100km인 도로가 안개로 가시거리가 100미터 이내인 경우의 최고속도는?

① 매시 60km　　② 매시 55km
③ 매시 50km　　④ 매시 45km

> **Advice** 폭우·폭설·안개 등으로 가시거리가 100미터 이내인 경우 최고속도의 100분의 50으로 줄인 속도로 운행하여야 한다.
> $$\therefore 100 \times \frac{50}{100} = 50 km/h$$

24 최고속도가 매시 80km인 도로에 비가 내려 노면이 젖어있는 경우의 최고속도는?

① 매시 70km
② 매시 68km
③ 매시 64km
④ 매시 60km

> **Advice** 비·안개·눈 등으로 인한 악천후 시의 감속운행〈도로교통법 시행규칙 제19조 제2항〉
> ㉠ 최고속도의 100분의 20을 줄인 속도로 운행하여야 하는 경우
> • 비가 내려 노면이 젖어있는 경우
> • 눈이 20밀리미터 미만으로 쌓인 경우
> ㉡ 최고속도의 100분의 50을 줄인 속도로 운행하여야 하는 경우
> • 폭우·폭설·안개 등으로 가시거리가 100미터 이내인 경우
> • 노면이 얼어붙은 경우
> • 눈이 20밀리미터 이상으로 쌓인 경우

25 통행 구분이 설치되어 있지 않은 도로에서 뒤에 따라오는 차보다 느린 속도로 가려는 경우에는 어느 쪽으로 피하여야 하는가?

① 우측 가장자리
② 우측 중간
③ 좌측 가장자리
④ 좌측 중간

> **Advice** 모든 차(긴급자동차는 제외)의 운전자는 뒤에서 따라오는 차보다 느린 속도로 가려는 경우에는 도로의 우측 가장자리로 피하여 진로를 양보하여야 한다. 다만, 통행 구분이 설치된 도로의 경우에는 그러하지 아니하다.

> **정답** 21.② 22.① 23.③ 24.③ 25.①

26 안전거리 확보에 대한 설명으로 틀린 것은?

① 모든 차의 운전자는 같은 방향으로 가고 있는 앞차가 갑자기 정지하게 되는 경우 그 앞차와의 충돌을 피할 수 있는 필요한 거리를 확보하여야 한다.
② 자동차등의 운전자는 같은 방향으로 가고 있는 자전거등의 운전자에 주의하여야 하며, 그 옆을 지날 때에는 충돌을 피할 수 있는 필요한 거리를 확보하여야 한다.
③ 모든 차의 운전자는 차의 진로를 변경하려는 경우에 그 변경하려는 방향으로 오고 있는 다른 차의 정상적인 통행에 장애를 줄 우려가 있을 때에는 진로를 변경하여서는 아니 된다.
④ 모든 차의 운전자는 운전하는 차를 갑자기 정지시키거나 속도를 줄이는 등의 급제동을 할 수 있다.

● Advice 안전거리 확보 등〈도로교통법 제19조〉
㉠ 모든 차의 운전자는 같은 방향으로 가고 있는 앞차의 뒤를 따르는 경우에는 앞차가 갑자기 정지하게 되는 경우 그 앞차와의 충돌을 피할 수 있는 필요한 거리를 확보하여야 한다.
㉡ 자동차등의 운전자는 같은 방향으로 가고 있는 자전거 운전자에 주의하여야 하며, 그 옆을 지날 때에는 자전거등과의 충돌을 피할 수 있는 필요한 거리를 확보하여야 한다.
㉢ 모든 차의 운전자는 차의 진로를 변경하려는 경우에 그 변경하려는 방향으로 오고 있는 다른 차의 정상적인 통행에 장애를 줄 우려가 있을 때에는 진로를 변경하여서는 아니 된다.
㉣ 모든 차의 운전자는 위험방지를 위한 경우와 그 밖의 부득이한 경우가 아니면 운전하는 차를 갑자기 정지시키거나 속도를 줄이는 등의 급제동을 하여서는 아니 된다.

27 앞지르기 방법에 대한 설명이다. 잘못된 것은?

① 모든 차의 운전자는 다른 차를 앞지르려면 앞차의 좌측으로 통행하여야 한다.
② 앞지르려고 하는 모든 차의 운전자는 반대방향의 교통에는 주의할 필요가 없다.
③ 차로에 따른 통행차의 기준을 준수하여 앞지르기를 하는 때에는 속도를 높여 앞지르기를 방해하여서는 아니 된다.
④ 모든 차의 운전자는 앞차가 다른 차를 앞지르고 있거나 앞지르려고 하는 경우에는 앞지르기를 하지 못한다.

● Advice 앞지르기 방법 등〈도로교통법 제21조 제3항〉
② 앞지르려고 하는 모든 차의 운전자는 반대방향의 교통과 앞차 앞쪽의 교통에도 주의를 충분히 기울여야 하며, 앞차의 속도·진로와 그 밖의 도로상황에 따라 방향지시기, 등화 또는 경음기를 사용하는 등 안전한 속도와 방법으로 앞지르기를 하여야 한다.

정답 26.④ 27.②

28 다음 중 앞지르기를 할 수 있는 곳은?

① 교차로
② 터널 안
③ 가파르지 않은 비탈길
④ 다리 위

> **Advice** 앞지르기 금지의 시기 및 장소〈도로교통법 제22조 제3항〉
> 교차로, 터널 안, 다리 위에서는 앞지르기를 할 수 없으며, 도로의 구부러진 곳, 비탈길의 고갯마루 부근 또는 가파른 비탈길의 내리막 등 지방경찰청장이 도로에서의 위험을 방지하고 교통의 안전과 원활한 소통을 확보하기 위하여 필요하다고 인정하는 곳으로서 안전표지로 지정한 곳에서는 앞지르기를 못한다.

29 다음 중 일시정지 해야 하는 장소는?

① 도로가 구부러진 부근
② 비탈길의 고갯마루 부근
③ 가파른 비탈길의 내리막
④ 교통정리를 하고 있지 아니하고 좌우를 확인할 수 없는 교차로

> **Advice** ①②③ 서행하여야 하는 장소이다.
> ※ 서행 또는 일시정지 할 장소〈도로교통법 제31조〉
> ㉠ 모든 차의 운전자는 다음의 어느 하나에 해당하는 곳에서는 서행하여야 한다.
>   • 교통정리를 하고 있지 아니하는 교차로
>   • 도로가 구부러진 부근
>   • 비탈길의 고갯마루 부근
>   • 가파른 비탈길의 내리막
>   • 지방경찰청장이 도로에서의 위험을 방지하고 교통의 안전과 원활한 소통을 확보하기 위하여 필요하다고 인정하여 안전표지로 지정한 곳
> ㉡ 모든 차의 운전자는 다음의 어느 하나에 해당하는 곳에서는 일시정지하여야 한다.
>   • 교통정리를 하고 있지 아니하고 좌우를 확인할 수 없거나 교통이 빈번한 교차로
>   • 지방경찰청장이 도로에서의 위험을 방지하고 교통의 안전과 원활한 소통을 확보하기 위하여 필요하다고 인정하여 안전표지로 지정한 곳

30 교통정리가 없는 교차로에서의 양보운전에 대한 설명으로 옳은 것은?

① 교통정리를 하고 있지 아니하는 교차로에 들어가려고 하는 차의 운전자는 이미 교차로에 들어가 있는 다른 차가 있을 때 그 차의 진로를 막으며 진입할 수 있다.
② 교통정리를 하고 있지 아니하는 교차로에 들어가려고 하는 차의 운전자는 그 차가 통행하고 있는 도로의 폭보다 폭이 넓은 도로로부터 교차로에 들어가려고 하는 다른 차가 있을 때에는 먼저 교차로에 진입할 수 있다.
③ 교통정리를 하고 있지 아니하는 교차로에 동시에 들어가려고 하는 차의 운전자는 좌측도로의 차에 진로를 양보하여야 한다.
④ 교통정리를 하고 있지 아니하는 교차로에서 좌회전하려고 하는 차의 운전자는 그 교차로에서 직진하거나 우회전하려는 다른 차가 있을 때에는 그 차에 진로를 양보하여야 한다.

> **Advice** ① 교통정리를 하고 있지 아니하는 교차로에 들어가려고 하는 차의 운전자는 이미 교차로에 들어가 있는 다른 차가 있을 때에는 그 차에 진로를 양보하여야 한다.
> ② 교통정리를 하고 있지 아니하는 교차로에 들어가려고 하는 차의 운전자는 그 차가 통행하고 있는 도로의 폭보다 교차하는 도로의 폭이 넓은 경우에는 서행하여야 하며, 폭이 넓은 도로로부터 교차로에 들어가려고 하는 다른 차가 있을 때에는 그 차에 진로를 양보하여야 한다.
> ③ 교통정리를 하고 있지 아니하는 교차로에 동시에 들어가려고 하는 차의 운전자는 우측도로의 차에 진로를 양보하여야 한다.

정답 28.③ 29.④ 30.④

31 편도 2차로 이상의 고속도로에서의 화물자동차(적재중량 1.5톤 초과)의 최고속도는?

① 50km/h ② 70km/h
③ 80km/h ④ 120km/h

> **Advice** 고속도로 상에서의 속도는 다음과 같다.

편도 2차로 이상의 고속도로	승용차, 승합차, 화물자동차(적재중량 1.5톤 이하)	최고속도 100km/h 최저속도 50km/h
	화물자동차(적재중량 1.5톤 초과), 위험물운반자동차, 건설기계, 특수자동차	최고속도 80km/h 최저속도 50km/h
편도 1차로의 고속도로	모든 자동차	최고속도 80km/h 최저속도 50km/h
경찰청장이 지정·고시한 노선 또는 구간	승용차, 승합차, 화물자동차(적재중량 1.5톤 이하)	최고속도 120km/h 최저속도 50km/h
	화물자동차(적재중량 1.5톤 초과), 위험물운반자동차, 건설기계, 특수자동차	최고속도 90km/h 최저속도 50km/h

32 다음 중 견인되는 차가 켜야 하는 등화가 아닌 것은?

① 전조등
② 미등
③ 차폭등
④ 번호등

> **Advice** 견인되는 차는 미등·차폭등 및 번호등을 켜야 한다.

33 다음은 주차금지 장소이다. 옳지 않은 것은?

① 터널 안
② 화재경보기로부터 5m 이내인 곳
③ 다리 위
④ 도로공사를 하고 있는 경우에는 그 공사 구역의 양쪽 가장자리로부터 5m 이내인 곳

> **Advice** 주차금지의 장소〈도로교통법 제33조〉
> ㉠ 터널 안 및 다리 위
> ㉡ 다음의 곳으로부터 5미터 이내인 곳
> • 도로공사를 하고 있는 경우에는 그 공사 구역의 양쪽 가장자리
> • 「다중이용업소의 안전관리에 관한 특별법」에 따른 다중이용업소의 영업장이 속한 건축물로 소방본부장의 요청에 의하여 시·도경찰청장이 지정한 곳
> ㉢ 시·도경찰청장이 도로에서의 위험을 방지하고 교통의 안전과 원활한 소통을 확보하기 위하여 필요하다고 인정하여 지정한 곳

34 고속도로 외의 도로에서 자동차의 승차인원은 승차정원의 몇 % 이내이어야 하는가?

① 100%
② 110%
③ 120%
④ 130%

> **Advice** 자동차의 승차인원은 승차정원 이내이어야 한다.

정답 31.③ 32.① 33.② 34.①

35 다음은 마주보고 진행하는 경우 등의 등화 조작에 대한 설명이다. 옳지 않은 것은?

① 밤에 서로 마주보고 진행할 때에는 전조등의 밝기를 줄이거나 불빛의 방향을 아래로 향하게 하거나 잠시 전조등을 끈다.
② 밤에 앞차의 바로 뒤를 따라가는 때에는 전조등 불빛의 방향을 아래로 향하게 한다.
③ 밤에 앞차의 바로 뒤를 따라가는 때에는 전조등 불빛의 밝기를 함부로 조작하여 앞차의 운전을 방해하지 않는다.
④ 모든 차의 운전자는 교통이 빈번한 곳에서 운행할 때에는 전조등 불빛의 방향을 계속 위로 유지하여야 한다.

● Advice ④ 모든 차 또는 노면전차의 운전자는 교통이 빈번한 곳에서 운행할 때에는 전조등 불빛의 방향을 계속 <u>아래로</u> 유지하여야 한다. 다만, 지방경찰청장이 교통의 안전과 원활한 소통을 확보하기 위하여 필요하다고 인정하여 지정한 지역에서는 그러하지 아니하다.

36 운전이 금지되는 자동차 앞면 창유리 가시광선 투과율의 기준은?

① 50% 미만
② 60% 미만
③ 70% 미만
④ 80% 미만

● Advice 자동차 창유리 가시광선 투과율의 기준〈도로교통법 시행령 제28조〉
㉠ 앞면 창유리 : 70퍼센트 미만
㉡ 운전석 좌우 옆면 창유리 : 40퍼센트 미만

37 「도로교통법」에서 규정한 '술에 취한 상태에서의 운전금지'의 기준은 운전자의 혈중알코올농도 몇 % 이상을 말하는가?

① 0.01%
② 0.03%
③ 0.1%
④ 0.15%

● Advice 술에 취한 상태에서의 운전 금지〈도로교통법 제44조〉
㉠ 누구든지 술에 취한 상태에서 자동차 등. 노면전차 또는 자전거를 운전하여서는 아니 된다.
㉡ 경찰공무원은 교통의 안전과 위험방지를 위하여 필요하다고 인정하거나 ㉠을 위반하여 술에 취한 상태에서 자동차 등. 노면전차 또는 자전거를 운전하였다고 인정할 만한 상당한 이유가 있는 경우에는 운전자가 술에 취하였는지를 호흡조사로 측정할 수 있다. 이 경우 운전자는 경찰공무원의 측정에 응하여야 한다.
㉢ ㉡에 따른 측정 결과에 불복하는 운전자에 대하여는 그 운전자의 동의를 받아 혈액 채취 등의 방법으로 다시 측정할 수 있다.
㉣ ㉠에 따라 운전이 금지되는 술에 취한 상태의 기준은 운전자의 혈중알코올농도가 0.03퍼센트 이상인 경우로 한다.

38 다음은 모든 운전자의 준수사항에 대한 설명이다. 잘못된 것은?

① 물이 고인 곳을 운행할 때에는 고인 물을 튀게 하여 다른 사람에게 피해를 주는 일이 없도록 할 것
② 앞을 보지 못하는 사람이 흰색 지팡이를 가지거나 장애인보조견을 동반하고 도로를 횡단하고 있는 경우 일시정지할 것
③ 경음기를 울릴 때는 반복적이거나 연속적으로 울릴 것
④ 운전자는 승객이 차 안에서 안전운전에 현저히 장해가 될 정도로 춤을 추는 등 소란행위를 하도록 내버려두고 차를 운행하지 아니할 것

정답 ▶ 35.④ 36.③ 37.② 38.③

● Advice ③ 운전자는 정당한 사유 없이 반복적이거나 연속적으로 경음기를 울리는 행위로 다른 사람에게 피해를 주는 소음을 발생시키지 아니해야 한다.

39 모든 운전자의 준수사항에 대한 설명 중 적절하지 않은 것은?

① 물이 고인 곳을 운행하는 때에는 고인 물을 튀게 하여 다른 사람에게 피해를 주는 일이 없도록 해야 한다.
② 지하도나 육교 등 도로 횡단시설을 이용할 수 없는 지체장애인이나 노인 등이 도로를 횡단하고 있는 경우 일시정지해야 한다.
③ 자동차 등의 운전 중에는 지리안내 영상 또는 교통정보안내 영상을 수신하거나 재생하는 장치를 통하여 운전자가 운전 중에 볼 수 있는 위치에 영상이 표시되지 아니하도록 해야 한다.
④ 운전자는 안전을 확인하지 아니하고 차의 문을 열거나 내려서는 아니 되며, 동승자가 교통의 위험을 일으키지 아니하도록 필요한 조치를 해야 한다.

● Advice 자동차 등에 장착하거나 거치하여 놓은 영상 표시장치에 지리안내 영상 또는 교통정보안내 영상이 표시되는 경우에는 운전 중에 영상이 표시되어도 된다.

40 다음 중 행정안전부령으로 정하는 좌석안전띠를 매지 아니하여도 되는 경우가 아닌 것은?

① 임신으로 인하여 좌석안전띠의 착용이 적당하지 아니하다고 인정되는 자가 운전할 때
② 자동차를 전진시키기 위하여 운전하는 때
③ 신장·비만, 그 밖의 신체의 상태에 의하여 좌석안전띠 착용이 적당하지 아니하다고 인정되는 자가 운전할 때
④ 긴급자동차가 그 본래의 용도로 운행되고 있을 때

● Advice ② 자동차를 후진시키기 위하여 운전하는 때
※ 좌석안전띠 미착용 사유〈도로교통법 시행규칙 제31조〉
  ㉠ 부상·질병·장애 또는 임신 등으로 인하여 좌석안전띠의 착용이 적당하지 아니하다고 인정되는 자가 자동차를 운전하거나 승차하는 때
  ㉡ 자동차를 후진시키기 위하여 운전하는 때
  ㉢ 신장·비만, 그 밖의 신체의 상태에 의하여 좌석안전띠의 착용이 적당하지 아니하다고 인정되는 자가 자동차를 운전하거나 승차하는 때
  ㉣ 긴급자동차가 그 본래의 용도로 운행되고 있는 때
  ㉤ 경호 등을 위한 경찰용 자동차에 의하여 호위되거나 유도되고 있는 자동차를 운전하거나 승차하는 때
  ㉥ 「국민투표법」 및 공직선거관계법령에 의하여 국민투표운동·선거운동 및 국민투표 선거관입업무에 사용되는 자동차를 운전하거나 승차하는 때
  ㉦ 우편물의 집배, 폐기물의 수집 그 밖에 빈번히 승강하는 것을 필요로 하는 업무에 종사하는 자가 해당 업무를 위하여 자동차를 운전하거나 승차하는 때
  ㉧ 「여객자동차 운수사업법」에 의한 여객자동차운송사업용 자동차의 운전자가 승객의 주취·약물복용 등으로 좌석안전띠를 매도록 할 수 없거나 승객에게 좌석안전띠 착용을 안내하였음에도 불구하고 승객이 착용하지 않은 때

정답 ▶ 39.③ 40.②

41 교통사고가 발생한 차의 운전자가 국가경찰관서에 사고신고를 할 때 알려야 하는 사항이 아닌 것은?

① 사고가 일어난 시간
② 사고가 일어난 곳
③ 사상자 수 및 부상 정도
④ 손괴한 물건 및 손괴 정도

● Advice 차 또는 노면전차의 운전 등 교통으로 인하여 사람을 사상하거나 물건을 손괴한 경우(교통사고)에는 그 차 또는 노면전차의 운전자나 그 밖의 승무원(운전자등)은 경찰공무원이 현장에 있을 때에는 그 경찰공무원에게, 경찰공무원이 현장에 없을 때에는 가장 가까운 국가경찰관서(지구대, 파출소 및 출장소를 포함)에 다음의 사항을 지체 없이 신고하여야 한다. 다만, 차 또는 노면전차만 손괴된 것이 분명하고 도로에서의 위험방지와 원활한 소통을 위하여 필요한 조치를 한 경우에는 그러하지 아니하다.
㉠ 사고가 일어난 곳
㉡ 사상자 수 및 부상 정도
㉢ 손괴한 물건 및 손괴 정도
㉣ 그 밖의 조치사항 등

42 특별교통안전 의무교육 및 특별교통안전 권장 교육은 몇 시간 이하로 실시해야 하는가?

① 31시간 이하 ② 44시간 이하
③ 55시간 이하 ④ 48시간 이하

● Advice 특별교통안전 의무교육 및 특별교통안전 권장 교육은 다음의 사항에 대하여 강의·시청각교육 또는 현장 체험교육 등의 방법으로 3시간 이상 48시간 이하로 각각 실시한다.
• 교통질서
• 교통사고와 그 예방
• 안전운전의 기초
• 교통법규와 안전
• 운전면허 및 자동차관리
• 그 밖에 교통안전의 확보를 위하여 필요한 사항

43 운전면허를 받으려는 사람이 받아야 하는 교통안전교육이 아닌 것은?

① 운전자가 갖추어야 하는 기본예절
② 도로교통에 관한 법령과 지식
③ 긴급자동차에 길 터주기 요령
④ 보복운전 회피 방법

● Advice 교통안전교육〈도로교통법 제73조 제1항〉… 운전면허를 받으려는 사람은 대통령령으로 정하는 바에 따라 시험에 응시하기 전에 다음의 사항에 관한 교통안전교육을 받아야 한다. 다만, 특별교통안전 의무교육을 받은 사람 또는 자동차운전 전문학원에서 학과교육을 수료한 사람은 그러하지 아니하다.
㉠ 운전자가 갖추어야 하는 기본예절
㉡ 도로교통에 관한 법령과 지식
㉢ 안전운전 능력
㉣ 교통사고의 예방과 처리에 관한 사항
㉤ 어린이·장애인 및 노인의 교통사고 예방에 관한 사항
㉥ 친환경 경제운전에 필요한 지식과 기능
㉦ 긴급자동차에 길 터주기 요령
㉧ 그 밖에 교통안전의 확보를 위하여 필요한 사항

44 다음 중 특별교통안전교육 사항이 아닌 것은?

① 교통질서
② 교통사고와 그 예방
③ 안전운전의 기초
④ 교통문화 발전을 위한 정책

● Advice 특별교통안전교육〈도로교통법 시행령 제38조 제2항〉… 특별교통안전 의무교육 및 특별교통안전 권장교육은 다음의 사항에 대하여 강의·시청각교육 또는 현장체험교육 등의 방법으로 각각 실시한다.
㉠ 교통질서
㉡ 교통사고와 그 예방
㉢ 안전운전의 기초
㉣ 교통법규와 안전
㉤ 운전면허 및 자동차관리
㉥ 그 밖에 교통안전의 확보를 위하여 필요한 사항

정답 41.① 42.④ 43.④ 44.④

45 운전면허를 신규로 받으려는 사람은 몇시간의 교통안전교육의 교육시간을 받아야 하는가?

① 1시간 ② 2시간
③ 3시간 ④ 4시간

● Advice 교통안전교육의 과목·내용·방법 및 시간〈도로교통법 시행규칙 별표16〉
※ 교통안전교육

교육대상자	교육시간	교육과목 및 내용	교육방법
운전면허를 신규로 받으려는 사람	1시간	• 교통환경의 이해와 운전자의 기본예절 • 도로교통 법령의 이해 • 안전운전 기초이론 • 위험예측과 방어운전 • 교통사고의 예방과 처리 • 어린이·장애인 및 노인의 교통사고 예방 • 긴급자동차에 길 터주기 요령 • 친환경 경제운전의 이해 • 전 좌석 안전띠 착용 등 자동차안전의 이해	시청각

46 보복운전이 원인이 되어 운전면허효력 정지 또는 운전면허 취소처분을 받은 사람은 배려운전교육을 몇시간 받아야 하는가?

① 5시간 ② 6시간
③ 7시간 ④ 8시간

● Advice 교통안전교육의 과목·내용·방법 및 시간〈도로교통법 시행규칙 별표16〉
※ 배려운전교육

교육대상자	교육시간	교육과목 및 내용	교육방법
보복운전이 원인이 되어 운전면허 효력 정지 또는 운전면허 취소처분을 받은 사람	6시간	• 스트레스 관리 • 분노 및 공격성 관리 • 공감능력 향상 • 보복운전과 교통안전	강의·시청각·토의·검사·영화상영 등

47 다음 중 1종 보통면허로 운전할 수 있는 차량은?

① 승차정원이 20인인 승합자동차
② 승차정원이 15인인 긴급자동차
③ 적재중량이 11톤인 화물자동차
④ 총중량이 10톤인 특수자동차

● Advice 운전할 수 있는 자의 종류〈도로교통법 시행규칙 별표18〉
※ 제 1종 대형면허
㉠ 승용자동차
㉡ 승차정원 15명 이하의 승합자동차
㉢ 적재중량 12톤 미만의 화물자동차
㉣ 건설기계(도로를 운행하는 3톤 미만의 지게차로 한정한다.)
㉤ 총중량 10톤 미만의 특수자동차(구난차등은 제외한다.)
㉥ 원동기장치자전거

정답 ▶ 45.① 46.② 47.③

48 다음 중 운전면허 취소·정지 사유에 해당하는 내용이 아닌 것은?

① 술에 취한 상태에서 자동차등을 운전한 경우
② 운전 중 고의 또는 과실로 교통사고를 일으킨 경우
③ 운전 중 운전면허증을 분실한 경우
④ 다른 사람의 자동차등을 훔치거나 빼앗은 경우

● **Advice** 운전면허의 취소·정지〈도로교통법 제93조 제1항〉… 시·도경찰청장은 운전면허(조건부 운전면허는 포함하고, 연습운전면허는 제외)를 받은 사람이 다음의 어느 하나에 해당하면 행정안전부령으로 정하는 기준에 따라 운전면허(운전자가 받은 모든 범위의 운전면허를 포함함)를 취소하거나 1년 이내의 범위에서 운전면허의 효력을 정지시킬 수 있다. 다만, ⓒ, ⓒ, ⓔ, ⓒ, ⓒ, ⓒ, ⓜ(정기 적성검사 기간이 지난 경우는 제외), ⓜ, ⓢ, ⓞ, ⓔ부터 ⓐ까지의 규정에 해당하는 경우에는 운전면허를 취소하여야 하고 ⓔ에 해당하는 경우 취소하여야 하는 운전면허의 범위는 운전자가 거짓이나 그 밖의 부정한 수단으로 받은 그 운전면허로 한정. ⓓ의 규정에 해당하는 경우에는 정당한 사유가 없으면 관계 행정기관의 장의 요청에 따라 운전면허를 취소하거나 1년 이내의 범위에서 정지하여야 한다.
ⓐ 술에 취한 상태에서 자동차등을 운전한 경우
ⓒ 음주운전, 음주측정방해행위를 한 사람이 다시 음주운전을 하여 운전면허 정지 사유에 해당된 경우
ⓒ 술에 취한 상태에 있다고 인정할 만한 상당한 이유가 있음에도 불구하고 경찰공무원의 측정에 응하지 아니한 경우
ⓔ 술에 취한 상태에 있다고 인정할만한 상당한 이유가 있는 사람이 자동차등을 운전한 후 음주측정방해행위를 한 경우
ⓜ 약물의 영향으로 인하여 정상적으로 운전하지 못할 우려가 있는 상태에서 자동차등을 운전한 경우
ⓗ 공동 위험행위를 한 경우
ⓢ 난폭운전을 한 경우
ⓞ 최고속도보다 시속 100킬로미터를 초과한 속도로 3회 이상 자동차등을 운전한 경우
ⓩ 교통사고로 사람을 사상한 후 필요한 조치 또는 신고를 하지 아니한 경우
ⓩ 규정에 따른 운전면허를 받을 수 없는 사람에 해당된 경우
ⓒ 운전면허를 받을 수 없는 사람이 운전면허를 받거나 운전면허효력의 정지기간 중 운전면허증 또는 운전면허증을 갈음하는 증명서를 발급받은 사실이 드러난 경우
ⓔ 거짓이나 그 밖의 부정한 수단으로 운전면허를 받은 경우
ⓛ 적성검사를 받지 아니하거나 그 적성검사에 불합격한 경우
ⓗ 운전 중 고의 또는 과실로 교통사고를 일으킨 경우
ⓝ 운전면허를 받은 사람이 자동차등을 이용하여 「형법」의 제258조의2(특수상해)·제261조(특수폭행)·제284조(특수협박) 또는 제369조(특수손괴)를 위반하는 행위를 한 경우
ⓝ 운전면허를 받은 사람이 자동차등을 범죄의 도구나 장소로 이용하여 다음의 어느 하나의 죄를 범한 경우
• 「국가보안법」중 제4조부터 제9조까지의 죄 및 같은 법 제12조 중 증거를 날조·인멸·은닉한 죄
• 「형법」중 다음 어느 하나의 범죄
– 살인·사체유기 또는 방화
– 강도·강간 또는 강제추행
– 약취·유인 또는 감금
– 상습절도(절취한 물건을 운반한 경우에 한정한다)
– 교통방해(단체 또는 다중의 위력으로써 위반한 경우에 한정한다)
• 「보험사기방지 특별법」중 제8조부터 제10조까지의 죄
ⓒ 다른 사람의 자동차등을 훔치거나 빼앗은 경우
ⓝ 다른 사람이 부정하게 운전면허를 받도록 하기 위하여 운전면허시험에 대신 응시한 경우
ⓜ 교통단속 임무를 수행하는 경찰공무원등 및 시·군공무원을 폭행한 경우
ⓗ 운전면허증을 부정하게 사용할 목적으로 다른 사람에게 빌려주거나 다른 사람의 운전면허증을 빌려서 사용한 경우
ⓢ 등록되지 아니하거나 임시운행허가를 받지 아니한 자동차(이륜자동차는 제외한다)를 운전한 경우
ⓞ 제1종 보통면허 및 제2종 보통면허를 받기 전에 연습운전면허의 취소 사유가 있었던 경우
ⓩ 다른 법률에 따라 관계 행정기관의 장이 운전면허의 취소처분 또는 정지처분을 요청한 경우
ⓒ 승차 또는 적재의 방법을 위반하여 화물자동차를 운전한 경우
ⓝ 이 법이나 이 법에 따른 명령 또는 처분을 위반한 경우
ⓔ 운전면허를 받은 사람이 자신의 운전면허를 실효(失效)시킬 목적으로 시·도경찰청장에게 자진하여 운전면허를 반납하는 경우. 다만, 실효시키려는 운전면허가 취소처분 또는 정지처분의 대상이거나 효력정지 기간 중인 경우는 제외한다.
ⓜ 음주운전 방지장치가 설치된 자동차등을 시·도경찰청에 등록하지 아니하고 운전한 경우
ⓗ 음주운전 방지장치가 설치되지 아니하거나 설치기준에 부합하지 아니한 음주운전 방지장치가 설치된 자동차등을 운전한 경우
ⓐ 음주운전 방지장치가 해체·조작 또는 그 밖의 방법으로 효용이 떨어진 것을 알면서 해당 장치가 설치된 자동차등을 운전한 경우

정답 ▶ 48.③

49 다음 중 자동차등의 운전에 필요한 적성의 기준에 대하여 옳지 않은 것은?

① 제2종 운전면허의 경우 두 눈을 동시에 뜨고 잰 시력이 0.5 이상이며 한쪽 눈을 보지 못하는 사람은 다른 쪽 눈의 시력이 0.6 이상이어야 한다.
② 30데시벨의 소리를 들을 수 있어야 한다.
③ 붉은색·녹색 및 노란색을 구별할 수 있어야 한다.
④ 보조수단이나 신체장애 정도에 적합하게 제작·승인된 자동차를 사용하여 정상적인 운전을 할 수 있다고 인정되는 경우를 제외하고는 조향장치나 그 밖의 장치를 뜻대로 조작할 수 없는 등 정상적인 운전을 할 수 없다고 인정되는 신체상 또는 정신상의 장애가 없어야 한다.

●Advice 자동차등의 운전에 필요한 적성의 기준(도로교통법 시행령 제45조 제1항) … 자동차등의 운전에 필요한 적성의 검사(적성검사)는 다음의 기준을 갖추었는지에 대하여 실시한다.
  ㉠ 다음 각 목의 구분에 따른 시력(교정시력을 포함한다)을 갖출 것
    • 제1종 운전면허 : 두 눈을 동시에 뜨고 잰 시력이 0.8 이상이고, 두 눈의 시력이 각각 0.5 이상일 것. 다만, 한쪽 눈을 보지 못하는 사람이 보통면허를 취득하려는 경우에는 다른 쪽 눈의 시력이 0.8 이상이고, 수평시야가 120도 이상이며, 수직시야가 20도 이상이고, 중심시야 20도 내 암점(暗點) 또는 반맹(半盲)이 없어야 한다.
    • 제2종 운전면허 : 두 눈을 동시에 뜨고 잰 시력이 0.5 이상일 것. 다만, 한쪽 눈을 보지 못하는 사람은 다른 쪽 눈의 시력이 0.6 이상이어야 한다.
  ㉡ 붉은색·녹색 및 노란색을 구별할 수 있을 것
  ㉢ 55데시벨(보청기를 사용하는 사람은 40데시벨)의 소리를 들을 수 있을 것(제1종 운전면허 중 대형면허 또는 특수면허를 취득하려는 경우에만 적용)
  ㉣ 조향장치나 그 밖의 장치를 뜻대로 조작할 수 없는 등 정상적인 운전을 할 수 없다고 인정되는 신체상 또는 정신상의 장애가 없을 것. 다만, 보조수단이나 신체장애 정도에 적합하게 제작·승인된 자동차를 사용하여 정상적인 운전을 할 수 있다고 인정되는 경우에는 그러하지 아니하다.

50 처분벌점이 40점 미만인 경우 무위반·무사고기간 경과로 인한 벌점 소멸 기간은?

① 1년
② 2년
③ 3년
④ 4년

●Advice 처분벌점이 40점 미만인 경우에, 최종의 위반일 또는 사고일로부터 위반 및 사고 없이 1년이 경과한 때에는 그 처분벌점은 소멸한다.

51 다음 중 주의표지에 해당하는 것은?

①
②
③
④

●Advice 주의표지는 도로 상태가 위험하거나 도로 또는 그 부근에 위험물이 있는 경우에 필요한 안전조치를 할 수 있도록 이를 도로 사용자에게 알리는 표지를 말한다. ②③④는 규제표지에 해당한다.

정답 49.② 50.① 51.①

52 다음 중 운전면허(원동기장치자전거 제외)를 받을 수 없는 사람을 모두 고른 것은?

> ㉠ 18세인 김종인 군
> ㉡ 전문의로부터 치매 진단을 받은 72세 김철수 씨
> ㉢ 한쪽 팔의 팔꿈치관절을 잃은 37세 이재인 씨
> ㉣ 척추 장애로 인하여 앉아 있을 수 없는 53세 박갑동 씨

① ㉠, ㉡
② ㉡, ㉢
③ ㉡, ㉣
④ ㉢, ㉣

● Advice 운전면허의 결격사유〈도로교통법 제82조 제1항〉
㉠ 18세 미만(원동기장치자전거의 경우에는 16세 미만)인 사람
㉡ 교통상의 위험과 장해를 일으킬 수 있는 정신질환자 또는 뇌전증 환자로서 대통령령으로 정하는 사람(치매, 조현병, 조현 정동장애, 양극성 정동장애(조울병), 재발성 우울장애 등의 정신질환 또는 정신 발육지연, 뇌전증 등으로 인하여 정상적인 운전을 할 수 없다고 해당 분야 전문의가 인정하는 사람)
㉢ 듣지 못하는 사람(제1종 운전면허 중 대형면허·특수면허만 해당), 앞을 보지 못하는 사람(한쪽 눈만 보지 못하는 사람의 경우에는 제1종 운전면허 중 대형면허·특수면허만 해당)이나 그 밖에 대통령령으로 정하는 신체장애인(다리, 머리, 척추, 그 밖의 신체의 장애로 인하여 앉아 있을 수 없는 사람. 다만, 신체장애 정도에 적합하게 제작·승인된 자동차를 사용하여 정상적인 운전을 할 수 있는 경우는 제외)
㉣ 양쪽 팔의 팔꿈치관절 이상을 잃은 사람이나 양쪽 팔을 전혀 쓸 수 없는 사람. 다만, 본인의 신체장애 정도에 적합하게 제작된 자동차를 이용하여 정상적인 운전을 할 수 있는 경우에는 그러하지 아니하다.
㉤ 교통상의 위험과 장해를 일으킬 수 있는 마약·대마·향정신성의약품 또는 알코올 중독자로서 대통령령으로 정하는 사람(마약·대마·향정신성의약품 또는 알코올 관련 장애 등으로 인하여 정상적인 운전을 할 수 없다고 해당 분야 전문의가 인정하는 사람)
㉥ 제1종 대형면허 또는 제1종 특수면허를 받으려는 경우로서 19세 미만이거나 자동차(이륜자동차는 제외한다)의 운전경험이 1년 미만인 사람

53 1명이 사망하고 중상 1명, 경상 2명인 사고의 결과에 따른 벌점은?

① 100점
② 105점
③ 110점
④ 115점

● Advice 사망 1명(90점) + 중상 1명(15점) + 경상 2명(5점×2) = 115점

※ 사고결과에 따른 벌점기준

구분		벌점	내용
인적 피해 교통 사고	사망 1명마다	90	사고발생 시부터 72시간 이내에 사망한 때
	중상 1명마다	15	3주 이상의 치료를 요하는 의사의 진단이 있는 사고
	경상 1명마다	5	3주 미만 5일 이상의 치료를 요하는 의사의 진단이 있는 사고
	부상신고 1명마다	2	5일 미만의 치료를 요하는 의사의 진단이 있는 사고

54 다음 중 지시표지에 해당하는 것은?

①
②
③
④

● Advice 지시표지는 도로의 통행 방법·통행 구분 등 도로교통의 안전을 위하여 필요한 지시를 하는 경우에 도로사용자가 이를 따르도록 알리는 표지를 말한다. ①②④는 보조표지에 해당한다.

정답 52.③ 53.④ 54.③

55 다음 중 운전면허 취소처분에 해당하는 위반사항이 아닌 것은?

① 허위 또는 부정한 수단으로 운전면허를 받은 경우
② 자동차 등을 이용하여 범죄행위를 한 때
③ 난폭운전으로 구속된 때
④ 공동위험행위로 형사 입건된 때

● Advice 운전면허 취소처분 개별기준

㉠ 교통사고로 사람을 죽게 하거나 다치게 하고, 구호조치를 하지 아니한 때
㉡ 술에 취한 상태에서의 운전 관련
  • 술에 취한 상태의 기준(혈중알코올농도 0.03퍼센트 이상)을 넘어서 운전을 하다가 교통사고로 사람을 죽게 하거나 다치게 한 때
  • 혈중알코올농도 0.08퍼센트 이상의 상태에서 운전한 때
  • 술에 취한 상태의 기준을 넘어 운전한 사람, 술에 취한 상태의 측정에 불응한 사람 또는 음주측정방해 행위를 한 사람이 다시 술에 취한 상태(혈중알코올농도 0.03퍼센트 이상)에서 운전한 때
㉢ 술에 취한 상태에서 운전하거나 술에 취한 상태에서 운전하였다고 인정할 만한 상당한 이유가 있음에도 불구하고 경찰공무원의 측정 요구에 불응한 때
㉣ 운전면허 대여 관련
  • 면허증 소지자가 다른 사람에게 면허증을 대여하여 운전하게 한 때
  • 면허 취득자가 다른 사람의 면허증을 대여 받거나 그 밖에 부정한 방법으로 입수한 면허증으로 운전한 때
㉤ 결격사유 해당 관련
  • 교통상의 위험과 장해를 일으킬 수 있는 정신질환자 또는 뇌전증환자로서 정상적인 운전을 할 수 없다고 해당 분야 전문의가 인정하는 사람
  • 앞을 보지 못하는 사람(한쪽 눈만 보지 못하는 사람의 경우에는 제1종 운전면허 중 대형면허·특수면허로 한정)
  • 듣지 못하는 사람(제1종 운전면허 중 대형면허·특수면허로 한정)
  • 양 팔의 팔꿈치 관절 이상을 잃은 사람, 또는 양팔을 전혀 쓸 수 없는 사람. 다만, 본인의 신체장애 정도에 적합하게 제작된 자동차를 이용하여 정상적으로 운전할 수 있는 경우에는 그러하지 아니하다.
  • 다리, 머리, 척추 그 밖의 신체장애로 인하여 앉아 있을 수 없는 사람
  • 교통상의 위험과 장해를 일으킬 수 있는 마약, 대마, 향정신성 의약품 또는 알코올 중독자로서 정상적인 운전을 할 수 없다고 해당 분야 전문의가 인정하는 사람
㉥ 약물(마약·대마·향정신성 의약품 및 환각물질)의 투약·흡연·섭취·주사 등으로 정상적인 운전을 하지 못할 염려가 있는 상태에서 자동차 등을 운전한 때
㉦ 공동위험행위로 구속된 때
㉧ 난폭운전으로 구속된 때
㉨ 정기적성검사에 불합격하거나 적성검사기간 만료일 다음 날부터 적성검사를 받지 아니하고 1년을 초과한 때
㉩ 수시적성검사에 불합격하거나 수시적성검사 기간을 초과한 때
㉪ 운전면허 행정처분 기간 중에 운전한 때
㉫ 허위 또는 부정한 수단으로 운전면허를 받은 경우 관련
  • 허위·부정한 수단으로 운전면허를 받은 때
  • 결격사유에 해당하여 운전면허를 받을 자격이 없는 사람이 운전면허를 받은 때
  • 운전면허 효력의 정지기간 중에 면허증 또는 운전면허증에 갈음하는 증명서를 교부받은 사실이 드러난 때
㉬ 「자동차관리법」에 따라 등록되지 아니하거나 임시운행 허가를 받지 아니한 자동차(이륜자동차를 제외)를 운전한 때
㉭ 자동차 등을 이용하여 형법상 특수상해, 특수폭행, 특수협박, 특수손괴를 행하여 구속된 때
㉮ 운전면허를 가진 사람이 다른 사람을 부정하게 합격시키기 위하여 운전면허 시험에 응시한 때
㉯ 단속하는 경찰공무원 등 및 시·군·구 공무원을 폭행하여 형사 입건된 때
㉰ 제1종 보통 및 제2종 보통면허를 받기 이전에 연습면허의 취소사유가 있었던 때(연습면허에 대한 취소 절차 진행 중 제1종 보통 및 제2종 보통면허를 받은 경우를 포함)
㉱ 술에 취한 상태에 있다고 인정할만한 상당한 이유가 있는 사람이 자동차등을 운전한 후 음주측정방해행위를 한 경우
㉲ 음주운전 방지장치 부착 조건부 운전면허를 받은 운전자등이 준수사항을 위반한 경우
  • 음주운전 방지장치가 설치된 자동차등을 시·도경찰청에 등록하지 않고 운전한 경우
  • 음주운전 방지장치가 설치되지 않거나 설치기준에 부합하지 않은 음주운전 방지장치가 설치된 자동차 등을 운전한 경우
  • 음주운전 방지장치가 해체·조작 또는 그 밖의 방법으로 효용이 떨어진 것을 알면서 해당 자동차등을 운전한 경우

정답 55.④

56 다음 중 승용자동차의 범칙행위와 범칙금액이 잘못 연결된 것은?

① 속도위반(60km/h 초과) – 12만 원
② 신호·지시 위반 – 6만 원
③ 횡단·유턴·후진 위반 – 3만 원
④ 정차·주차 금지 위반 – 4만 원

● Advice ③ 횡단·유턴·후진 위반 – 6만 원

※ 범칙행위 및 범칙금액(운전자)〈도로교통법 시행령 별표8〉

범칙행위	차량 종류별 범칙금액
• 속도위반(60km/h 초과) • 어린이통학버스 운전자의 의무 위반(좌석안전띠를 매도록 하지 않은 경우는 제외) • 어린이통학버스 운영자의 의무 위반 • 인적사항 제공의무 위반(주·정차된 차만 손괴한 것이 분명한 경우에 한한다.)	• 승합자동차등 : 13만 원 • 승용자동차등 : 12만 원 • 이륜자동차등 : 8만 원
• 속도위반(40km/h 초과 60km/h 이하) • 승객의 차 안 소란행위 방치 운전 • 어린이통학버스 특별보호 위반	• 승합자동차등 : 10만 원 • 승용자동차등 : 9만 원 • 이륜자동차등 : 6만 원
• 안전표지가 설치된 곳에서의 정차·주차 금지 위반	• 승합자동차등 : 9만 원 • 승용자동차등 : 8만 원 • 이륜자동차등 : 6만 원 • 자전거등 : 4만 원
• 신호·지시 위반 • 중앙선 침범, 통행구분 위반 • 속도위반(20km/h 초과 40km/h 이하) • 횡단·유턴·후진 위반 • 앞지르기 방법 위반 • 앞지르기 금지 시기·장소 위반 • 철길건널목 통과방법 위반 • 횡단보도 보행자 횡단 방해(신호 또는 지시에 따라 도로를 횡단하는 보행자의 통행 방해를 포함한다)	• 승합자동차등 : 7만 원 • 승용자동차등 : 6만 원 • 이륜자동차등 : 4만 원 • 자전거등 : 3만 원
• 보행자전용도로 통행 위반(보행자전용도로 통행방법 위반을 포함한다) • 긴급자동차에 대한 양보·일시정지 위반 • 긴급한 용도나 그 밖에 허용된 사항 외에 경광등이나 사이렌 사용 • 승차 인원 초과, 승객 또는 승하차자 추락 방지조치 위반 • 어린이·앞을 보지 못하는 사람 등의 보호 위반 • 운전 중 휴대용 전화 사용 • 운전 중 운전자가 볼 수 있는 위치에 영상 표시 • 운전 중 영상표시장치 조작 • 운행기록계 미설치 자동차 운전 금지 등의 위반 • 고속도로·자동차전용도로 갓길 통행 • 고속도로버스전용차로·다인승전용차로 통행 위반	
• 통행 금지·제한 위반 • 일반도로 전용차로 통행 위반 • 노면전차 전용로 통행 위반 • 고속도로·자동차전용도로 안전거리 미확보 • 앞지르기의 방해 금지 위반 • 교차로 통행방법 위반 • 교차로에서의 양보운전 위반 • 보행자의 통행 방해 또는 보호 불이행 • 정차·주차 금지 위반(안전표지가 설치된 곳에서의 정차·주차 금지 위반은 제외한다) • 주차금지 위반 • 정차·주차방법 위반 • 경사진 곳에서의 정차·주차방법 위반 • 정차·주차 위반에 대한 조치 불응 • 적재 제한 위반, 적재물 추락 방지 위반 또는 영유아나 동물을 안고 운전하는 행위 • 안전운전의무 위반 • 도로에서의 시비·다툼 등으로 인한 차마의 통행 방해 행위 • 급발진, 급가속, 엔진 공회전 또는 반복적·연속적인 경음기 울림으로 인한 소음 발생 행위 • 화물 적재함에의 승객 탑승 운행 행위 • 고속도로 지정차로 통행 위반	• 승합자동차등 : 5만 원 • 승용자동차등 : 4만 원 • 이륜자동차등 : 3만 원 • 자전거등 : 2만 원

• 고속도로·자동차전용도로 횡단·유턴·후진 위반 • 고속도로·자동차전용도로 정차·주차 금지 위반 • 고속도로 진입 위반 • 고속도로·자동차전용도로에서의 고장 등의 경우 조치 불이행	
• 혼잡 완화조치 위반 • 지정차로 통행 위반, 차로 너비보다 넓은 차 통행 금지 위반(진로 변경 금지 장소에서의 진로 변경을 포함한다) • 속도위반(20km/h 이하) • 진로 변경방법 위반 • 급제동 금지 위반 • 끼어들기 금지 위반 • 서행의무 위반 • 일시정지 위반 • 방향전환·진로변경 시 신호 불이행 • 운전석 이탈 시 안전 확보 불이행 • 동승자 등의 안전을 위한 조치 위반 • 지방경찰청 지정·공고 사항 위반 • 좌석안전띠 미착용 • 이륜자동차·원동기장치자전거 인명보호 장구 미착용 • 어린이통학버스와 비슷한 도색·표지 금지 위반	• 승합자동차등 : 3만 원 • 승용자동차등 : 3만 원 • 이륜자동차등 : 2만 원 • 자전거등 : 1만 원
• 최저속도 위반 • 일반도로 안전거리 미확보 • 등화 점등·조작 불이행(안개가 끼거나 비 또는 눈이 올 때는 제외) • 불법부착장치 차 운전(교통단속용 장비의 기능을 방해하는 장치를 한 차의 운전은 제외) • 사업용 승합자동차의 승차거부 • 택시의 합승(장기 주차·정차하여 승객을 유치하는 경우로 한정)·승차거부·부당요금징수행위 • 운전이 금지된 위험한 자전거의 운전	• 승합자동차등 : 2만원 • 승용자동차등 : 2만원 • 이륜자동차등 : 1만원 • 자전거등 : 1만 원
• 돌, 유리병, 쇳조각, 그 밖에 도로에 있는 사람이나 차마를 손상시킬 우려가 있는 물건을 던지거나 발사하는 행위 • 도로를 통행하고 있는 차마에서 밖으로 물건을 던지는 행위	모든 차마 : 5만 원

• 특별교통안전교육의 미이수 -과거 5년 이내에 법 제44조를 1회 이상 위반하였던 사람으로서 다시 같은 조를 위반하여 운전면허효력 정지처분을 받게 되거나 받은 사람이 그 처분기간이 끝나기 전에 특별교통안전교육을 받지 않은 경우 -그 외의 경우	차종 구분 없음 -15만 원 -10만 원
• 경찰관의 실효된 면허증 회수에 대한 거부 또는 방해	차종 구분 없음 : 3만 원

57 다음 중 안전표지의 종류로 옳지 않은 것은?

① 주의표지

② 긴급표지

③ 지시표지

④ 노면표시

● Advice 안전표지의 종류로는 주의표지, 규제표지, 지시표지, 보조표지, 노면표시가 있다.

58 다음 중 노면표시의 색채의 기준에 포함되지 않은 색채는 무엇인가?

① 황색

② 청색

③ 적색

④ 녹색

● Advice 노면표시의 색채의 기준에는 황색, 청색, 적색, 백색이 있다.

정답 57.② 58.④

04 교통사고처리특례법령

01 특례의 적용

(1) 정의
① 교통사고의 조건
  ㉠ 차에 의한 사고
  ㉡ 피해의 결과 발생(사람 사상 또는 물건 손괴 등)
  ㉢ 교통으로 인하여 발생한 사고
② 교통사고로 처리되지 않는 경우
  ㉠ 명백한 자살이라고 인정되는 경우
  ㉡ 확정적인 고의 범죄에 의해 타인을 사상하거나 물건을 손괴한 경우
  ㉢ 건조물 등이 떨어져 운전자 또는 동승자가 사상한 경우
  ㉣ 축대 등이 무너져 도로를 진행 중인 차량이 손괴되는 경우
  ㉤ 사람이 건물, 육교 등에서 추락하여 운행 중인 차량과 충돌 또는 접촉하여 사상한 경우
  ㉥ 기타 안전사고로 인정되는 경우

(2) 목적
업무상 과실 또는 중대한 과실로 교통사고를 일으킨 운전자에 관한 형사처벌 등의 특례를 정함으로써 교통사고로 인한 피해의 신속한 회복을 촉진하고 국민생활의 편익을 증진함을 목적으로 한다.

02 주요 중대 교통사고 유형 및 대처방법

(1) 도주(뺑소니) 사고
① 도주(뺑소니)인 경우
  ㉠ 피해자 사상 사실을 인식하거나 예견됨에도 가버린 경우
  ㉡ 피해자를 사고현장에 방치한 채 가버린 경우
  ㉢ 현장에 도착한 경찰관에게 거짓으로 진술한 경우
  ㉣ 사고운전자를 바꿔치기하여 신고한 경우
  ㉤ 사고운전자가 연락처를 거짓으로 알려준 경우
  ㉥ 피해자가 이미 사망하였다고 사체 안치 후송 등의 조치 없이 가버린 경우
  ㉦ 피해자를 병원까지만 후송하고 계속 치료를 받을 수 있는 조치 없이 가버린 경우
  ㉧ 쌍방 업무상 과실이 있는 경우에 발생한 사고로 과실이 적은 차량이 도주한 경우
  ㉨ 자신의 의사를 제대로 표시하지 못하는 나이 어린 피해자가 '괜찮다'라고 하여 조치 없이 가버린 경우
② 도주(뺑소니)가 아닌 경우
  ㉠ 피해자가 부상사실이 없거나 극히 경미하여 구호조치가 필요하지 않아 연락처를 제공하고 떠난 경우
  ㉡ 사고운전자가 심한 부상을 입어 타인에게 의뢰하여 피해자를 후송 조치한 경우
  ㉢ 사고 장소가 혼잡하여 불가피하게 일부 진행 후 정지하고 되돌아와 조치한 경우
  ㉣ 사고운전자가 급한 용무로 인해 동료에게 사고처리를 위임하고 가버린 후 동료가 사고 처리한 경우
  ㉤ 피해자 일행의 구타·폭언·폭행이 두려워 현장을 이탈한 경우
  ㉥ 사고운전자가 자기 차량 사고에 대한 조치 없이 가버린 경우

실전 연습문제

1 다음 중 교통사고로 처리되지 않는 경우가 아닌 것은?

① 명백한 자살이라고 인정되는 경우
② 건조물 등이 떨어져 운전자 또는 동승자가 사상한 경우
③ 운전 중 실수로 인해 타인을 사상하거나 물건을 손괴한 경우
④ 사람이 육교에서 추락하여 운행중인 차량과 충돌 또는 접촉하여 사상한 경우

● Advice 교통사고로 처리되지 않는 경우
  ㉠ 명백한 자살이라고 인정되는 경우
  ㉡ 확정적인 고의 범죄에 의해 타인을 사상하거나 물건을 손괴한 경우
  ㉢ 건조물 등이 떨어져 운전자 또는 동승자가 사상한 경우
  ㉣ 축대 등이 무너져 도로를 진행중인 차량이 손괴되는 경우
  ㉤ 사람이 건물, 육교 등에서 추락하여 운행중인 차량과 충돌 또는 접촉하여 사상한 경우
  ㉥ 기타 안전사고로 인정되는 경우

2 교통사고처리특례법령상 사망사고는 교통사고 발생 시부터 며칠 이내에 사람이 사망한 사고를 말하는가?

① 15일　　② 20일
③ 25일　　④ 30일

● Advice 사망사고 … 교통안전법 시행령 별표 3의2에서 규정된 교통사고에 의한 사망은 교통사고가 주된 원인이 되어 교통사고 발생 시부터 30일 이내에 사람이 사망한 사고를 말한다.

3 다음 중 도주(뺑소니) 사고인 경우는?

① 피해자가 부상사실이 없거나 극히 경미하여 구호조치가 필요하지 않아 연락처를 제공하고 떠난 경우
② 사고운전자가 심한 부상을 입어 타인에게 의뢰하여 피해자를 후송 조치한 경우
③ 사고운전자가 급한 용무로 인해 동료에게 사고처리를 위임하고 가버린 후 동료가 사고처리한 경우
④ 피해자를 병원까지만 후송하고 계속 치료를 받을 수 있는 조치 없이 가버린 경우

● Advice 도주(뺑소니) 사고
  ㉠ 피해자 사상 사실을 인식하거나 예견됨에도 가버린 경우
  ㉡ 피해자를 사고현장에 방치한 채 가버린 경우
  ㉢ 현장에 도착한 경찰관에게 거짓으로 진술한 경우
  ㉣ 사고운전자를 바꿔치기 하여 신고한 경우
  ㉤ 사고운전자가 연락처를 거짓으로 알려준 경우
  ㉥ 피해자가 이미 사망하였다고 사체 안치 후송 등의 조치 없이 가버린 경우
  ㉦ 피해자를 병원까지만 후송하고 계속 치료를 받을 수 있는 조치 없이 가버린 경우
  ㉧ 쌍방 업무상 과실이 있는 경우에 발생한 사고로 과실이 적은 차량이 도주한 경우
  ㉨ 자신의 의사를 제대로 표시하지 못하는 나이 어린 피해자가 '괜찮다'라고 하여 조치 없이 가버린 경우

정답 1.③　2.④　3.④

4 신호위반 사고 사례로 거리가 먼 것은?

① 신호가 변경되기 전에 출발하여 인적피해를 야기한 경우
② 황색 주의신호에 교차로에 진입하여 인적피해를 야기한 경우
③ 자동차통행금지를 위반하여 인적피해를 야기한 경우
④ 적색 차량신호에 진행하다 정지선과 횡단보도 사이에서 보행자를 충격한 경우

● Advice ③ 자동차통행금지를 위반하여 사고를 일으킨 것은 지시위반 사고 사례에 해당한다.

5 다음 중 중앙선침범을 적용할 수 없는 경우는?

① 커브 길에서 과속으로 인한 중앙선침범의 경우
② 빗길에서 과속으로 인한 중앙선침범의 경우
③ 졸다가 뒤늦은 제동으로 중앙선을 침범한 경우
④ 위험을 회피하기 위해 중앙선을 침범한 경우

● Advice 중앙선침범을 적용할 수 없는 경우
㉠ 사고를 피하기 위해 급제동하다 중앙선을 침범한 경우
㉡ 위험을 회피하기 위해 중앙선을 침범한 경우
㉢ 빙판길 또는 빗길에서 미끄러져 중앙선을 침범한 경우(제한속도 준수)

6 다음은 속도에 대한 정의이다. 옳지 않은 것은?

① 규제속도 : 법정속도와 제한속도
② 설계속도 : 도로설계의 기초가 되는 자동차의 속도
③ 주행속도 : 정지시간을 포함한 주행거리의 평균 주행속도
④ 속도제한 : 달리는 차량의 속도에 일정한 한계를 정하는 일

● Advice ③ 주행속도는 정지시간을 제외한 실제 주행거리의 평균 주행속도이다. 정지시간을 포함한 주행거리의 평균 주행속도는 구간속도라고 한다.

7 정상 날씨 제한속도가 90km/h인 도로의 노면이 얼어붙은 경우 감속운행속도는?

① 30km/h
② 35km/h
③ 40km/h
④ 45km/h

● Advice 폭우·폭설·안개 등으로 가시거리가 100m 이내이거나, 노면이 얼어붙은 경우, 눈이 20mm이상 쌓인 경우 최고속도의 100분의 50으로 줄인 속도로 운행하여야 한다.
$$\therefore 90 \times \frac{50}{100} = 45$$

정답 ▶ 4.③ 5.④ 6.③ 7.④

8 철길건널목의 종류 중 교통안전 표지만 설치되어 있는 경우의 건널목은?

① 제1종 건널목
② 제2종 건널목
③ 제3종 건널목
④ 제4종 건널목

● Advice 철길 건널목의 종류는 다음과 같다.
- 제1종 건널목 – 차단기, 건널목 경보기 및 교통안전 표지가 설치되어 있는 경우
- 제2종 건널목 – 건널목 경보기 및 교통안전 표지가 설치되어 있는 경우
- 제3종 건널목 – 교통안전 표지만 설치되어 있는 경우

9 앞지르기 방법위반 시 승용자동차 운전자가 받을 행정처분은?

① 범칙금 6만원, 벌점 10점
② 범칙금 6만원, 벌점 15점
③ 범칙금 7만원, 벌점 10점
④ 범칙금 7만원, 벌점 15점

● Advice 앞지르기 방법위반에 따른 행정처분

항목	범칙금액(만원)	벌점
앞지르기 방법위반	승합자동차등 7 승용자동차등 6 이륜자동차등 4	10점

10 다음 중 횡단보도 보행자로 인정되지 않는 사람은?

① 횡단보도를 걸어가는 사람
② 횡단보도 내에서 교통정리를 하고 있는 사람
③ 세발자전거를 타고 횡단보도를 건너는 어린이
④ 손수레를 끌고 횡단보도를 건너는 사람

● Advice 횡단보도 보행자가 아닌 경우
㉠ 횡단보도에서 원동기장치자전거나 자전거를 타고 가는 사람
㉡ 횡단보도에 누워 있거나, 앉아 있거나, 엎드려 있는 사람
㉢ 횡단보도 내에서 교통정리를 하고 있는 사람
㉣ 횡단보도 내에서 택시를 잡고 있는 사람
㉤ 횡단보도 내에서 화물 하역작업을 하고 있는 사람
㉥ 보도에 서 있다가 횡단보도 내로 넘어진 사람

11 다음 중 보행자 보호의무위반 사고의 성립요건에서 운전자과실의 예외사항인 것은?

① 횡단보도를 건너고 있는 보행자를 충돌한 경우
② 횡단보도 전에 정지한 차량을 추돌하여 추돌된 차량이 밀려나가 보행자를 충돌한 경우
③ 적색등화에 횡단보도를 진입하여 건너고 있는 보행자를 충돌한 경우
④ 보행신호가 녹색등화일 때 횡단보도를 진입하여 건너고 있는 보행자를 보행신호가 녹색등화의 점멸 또는 적색등화로 변경된 상태에서 충돌한 경우

● Advice 보행자 보호의무위반 사고 성립요건 중 운전자과실 예외사항
㉠ 적색등화에 횡단보도를 진입하여 건너고 있는 보행자를 충돌한 경우
㉡ 횡단보도를 건너다가 신호가 변경되어 중앙선에 서 있는 보행자를 충돌한 경우
㉢ 횡단보도를 건너고 있을 때 보행신호가 적색등화로 변경되어 되돌아가고 있는 보행자를 충돌한 경우
㉣ 녹색등화가 점멸되고 있는 횡단보도를 진입하여 건너고 있는 보행자를 적색등화에 충돌한 경우

정답 8.③ 9.① 10.② 11.③

12 다음 중 무면허 운전이 아닌 것은?

① 운전면허 적성검사기간 만료일로부터 1년간의 취소유예기간이 지난 면허증으로 운전하는 행위
② 운전면허 취소처분을 받은 후에 운전하는 행위
③ 제1종 대형면허로 특수면허가 필요한 자동차를 운전하는 행위
④ 제1종 운전면허로 제2종 운전면허를 필요로 하는 자동차를 운전하는 행위

● Advice 무면허 운전의 유형
㉠ 운전면허를 취득하지 않고 운전하는 행위
㉡ 운전면허 적성검사기간 만료일로부터 1년간의 취소유예기간이 지난 면허증으로 운전하는 행위
㉢ 운전면허 취소처분을 받은 후에 운전하는 행위
㉣ 운전면허 정지 기간 중에 운전하는 행위
㉤ 제2종 운전면허로 제1종 운전면허를 필요로 하는 자동차를 운전하는 행위
㉥ 제1종 대형면허로 특수면허가 필요한 자동차를 운전하는 행위
㉦ 운전면허시험에 합격한 후 운전면허증을 발급받기 전에 운전하는 행위

13 다음 중 승객추락방지의무에 해당하는 경우는?

① 문을 연 상태에서 출발하여 타고 있는 승객이 추락한 경우
② 승객이 임의로 차문을 열고 상체를 내밀어 차 밖으로 추락한 경우
③ 운전자가 사고방지를 위해 취한 급제동으로 승객이 차밖으로 추락한 경우
④ 화물자동차 적재함에 사람을 태우고 운행 중에 운전자의 급가속 또는 급제동으로 피해자가 추락한 경우

● Advice 승객추락방지의무에 해당하는 경우
㉠ 문을 연 상태에서 출발하여 타고 있는 승객이 추락한 경우
㉡ 승객이 타거나 또는 내리고 있을 때 갑자기 문을 닫아 문에 충격된 승객이 추락한 경우
㉢ 버스 운전자가 개폐 안전장치인 전자감응장치가 고장 난 상태에서 운행 중에 승객이 내리고 있을 때 출발하여 승객이 추락한 경우

정답 12.④ 13.①

14 다음 중 횡단보도 보행자인 경우가 아닌 것은?

① 횡단보도에서 원동기장치자전거나 자전거를 타고 가는 사람
② 손수레를 끌고 횡단보도를 건너는 사람
③ 세발자전거를 타고 횡단보도를 건너는 어린이
④ 횡단보도에서 원동기장치자전거나 자전거를 끌고 가는 사람

● Advice 횡단보도 보행자인 경우는 다음과 같다.
- 횡단보도를 걸어가는 사람
- 횡단보도에서 원동기장치자전거나 자전거를 끌고 가는 사람
- 횡단보도에서 원동기장치자전거나 자전거를 타고 가다 이를 세우고 한발은 페달에 다른 한발은 지면에 서 있는 사람
- 세발자전거를 타고 횡단보도를 건너는 어린이
- 손수레를 끌고 횡단보도를 건너는 사람

※ 횡단보도 보행자가 아닌 경우는 다음과 같다.
- 횡단보도에서 원동기장치자전거나 자전거를 타고 가는 사람
- 횡단보도에 누워 있거나, 앉아 있거나, 엎드려 있는 사람
- 횡단보도 내에서 교통정리를 하고 있는 사람
- 횡단보도 내에서 택시를 잡고 있는 사람
- 횡단보도 내에서 화물 하역작업을 하고 있는 사람
- 보도에 서 있다가 횡단보도 내로 넘어진 사람

정답 ▶ 14.①

PART 02 안전운행 요령

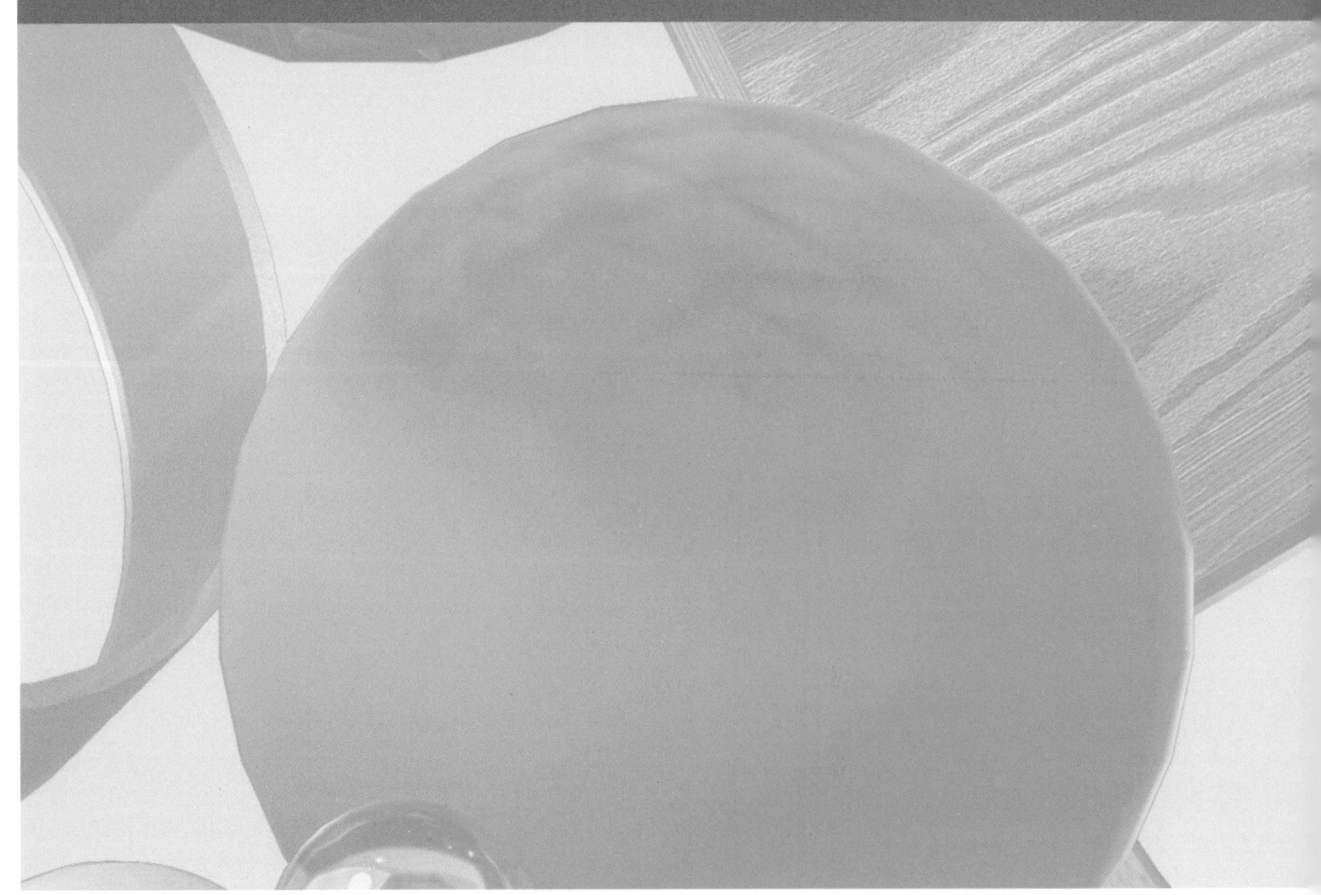

- **01** 자동차 관리
- **02** 자동차 응급조치요령
- **03** 자동차 구조 및 특성
- **04** 자동차 검사 및 보험
- **05** 안전운전의 기술

01 자동차 관리

01 자동차 점검

(1) 경고등 및 표시등 확인

※자동차에 따라 다를 수 있음

명칭	경고등 및 표시등	내용
주행빔(상향등) 작동 표시등		전조등이 주행빔(상향등)일 때 점등
안전벨트 미착용 경고등		시동키 「ON」했을 때 안전벨트를 착용하지 않으면 경고등이 점등
연료잔량 경고등		연료의 잔류량이 적을 때 경고등이 점등
엔진오일 압력 경고등		엔진 오일이 부족하거나 유압이 낮아지면 경고등이 점등
ABS(Anti-Lock Brake System) 표시등	ASR ABS	• ABS는 각 브레이크 제동력을 전기적으로 제어하여 미끄러운 노면에서 타이어의 로크를 방지하는 장치 • ABS 경고등은 키 「ON」하면 약 3초간 점등된 후 소등되면 정상 • ASR은 한쪽 바퀴가 빙판 또는 진흙탕에 빠져 공회전하는 경우 공회전하는 바퀴에 일시적으로 제동력을 가해 회전수를 낮게 하고 출발이 용이하도록 하는 장치 • ASR 경고등은 차량 속도가 5~7km/h에 도달하여 소등되면 정상
브레이크 에어 경고등		키가 「ON」상태에서 AOH 브레이크 장착 차량의 에어 탱크에 공기압이 4.5±0.5kg/cm² 이하가 되면 점등
비상경고 표시등		비상경고등 스위치를 누르면 점멸
배터리 충전 경고등		벨트가 끊어졌을 때나 충전장치가 고장났을 때 경고등이 점등
주차 브레이크 경고등		주차 브레이크가 작동되어 있을 경우에 경고등이 점등
배기 브레이크 표시등		배기 브레이크 스위치를 작동시키면 배기 브레이크가 작동 중임을 표시
제이크 브레이크 표시등		제이크 브레이크가 작동중임을 표시
엔진 정비 지시등	CHECK ENGINE	• 키를 「ON」하면 약 2~3초간 점등된 후 소등 • 엔진의 전자 제어 장치나 배기가스 제어에 관계되는 각종 센서에 이상이 있을 때 점등
엔진 예열작동 표시등		엔진 예열상태에서 점등되고 예열이 완료되면 소등
냉각수 경고등		냉각수가 규정 이하일 경우에 경고등 점등

(2) 예방정비

자동차는 운행되어 시간이 지남에 따라 각 구조 장치가 정해진 내구성이 소멸되어 가면서 고장이 발생되어 자동차가 도로에서 고장으로 인한 교통사고가 발생하거나, 더 큰 기계적 고장으로 확대하여 자동차 및 부품의 수명감축이나 정비 비용 손실을 예방하기 위한 사전에 미리 고장 개소를 찾아내어 일상적, 정기적인 정비 관리함을 말한다.

02 주행 전·후 안전 수칙

(1) 피로가 운전에 미치는 영향

구분		피로현상	운전과정에 미치는 영향
정신력	주의력	• 주의가 산만해진다. • 집중력이 저하된다.	교통표지를 간과하거나 보행자를 알아보지 못한다.
	사고력, 판단력	• 정신활동이 둔화된다. • 사고 및 판단력이 저하된다.	긴급 상황에 필요한 조치를 제대로 하지 못한다.
	지구력	긴장이나 주의력이 감소한다.	운전에 필요한 몸과 마음 상태를 유지할 수 없다.
	감정 조절 능력	사소한 일에도 필요이상의 신경질적인 반응을 보인다.	• 사소한 일에도 당황하며, 판단을 잘못하기 쉽다. • 준법정신의 결여로 법규를 위반하게 된다.
	의지력	자발적인 행동이 감소한다.	• 당연히 해야 할 일을 태만하게 된다. • 방향지시등을 작동하지 않고 회전하게 된다.
신체적	감각 능력	빛에 민감하고, 작은 소음에도 과민반응을 보인다.	교통신호를 잘못보거나 위험신호를 제대로 파악하지 못한다.
	운동 능력	손 또는 눈꺼풀이 떨리고, 근육이 경직된다.	필요한 때에 손과 발이 제대로 움직이지 못해 신속성이 결여된다.
	졸음	시계변화가 없는 단조로운 도로를 운행하면 졸게 된다.	평상시보다 운전능력이 현저하게 저하되고, 심하면 졸음운전을 하게 된다.

(2) 일상점검의 생활화

① 차량 주위에 사람이나 물건 등이 없는지 확인한다.
② 타이어와 노면의 접지 상태를 확인하여 적정 공기압을 유지하고 있는지 확인한다.
③ 차량 하부에 누유, 누수 등이 있는지 확인한다.
④ 차량 외관의 이상 유무를 확인한다.
⑤ 교대근무 전, 차량이 정상 주행 상태인지를 교대 전 운전자에게 물어보는 과정을 거친다.

03 자동차 관리 요령

(1) 타이어 마모에 영향을 주는 요소

타이어 공기압, 차의 하중, 차의 속도, 커브, 브레이크, 노면, 정비불량, 기온, 운전자의 운전습관, 타이어의 트레드 패턴

(2) 내장 손질

① 차량 내장을 아세톤, 에나멜 및 표백제 등으로 세척할 경우 변색되거나 손상이 발생할 수 있다.
② 액상 방향제가 유출되어 계기판 부분이나 인스트루먼트 패널 및 공기 통풍구에 묻으면 액상 방향제의 고유 성분으로 인해 손상될 수 있다.

04 LPG 자동차

(1) LPG 자동차의 장단점

장점	• 연료비가 적게 들어 경제적이다. • 유해 배출 가스량이 줄어든다. • 연료의 옥탄가가 높아 노킹(Knocking) 현상이 거의 발생하지 않는다. • 가솔린 자동차에 비해 엔진 소음이 적다. • 엔진 관련 부품의 수명이 상대적으로 길어 경제적이다.
단점	• LPG 충전소가 적어 연료 충전이 불편하다. • 겨울철에 시동이 잘 걸리지 않는다. • 가스가 누출되는 경우 잔류하여 점화원에 의해 폭발의 위험성이 있다.

(2) 자동차용 LPG 성분의 일반적 특성

① LPG의 주성분은 부탄과 프로판의 혼합체로 구성되어 있다.
② LPG는 감압 또는 가열 시 쉽게 기화되며 발화하기 쉬우므로 취급 주의를 요한다.
③ LPG 충전은 과충전 방지 장치가 내장되어 있어 85% 이상 충전되지 않으나 약 80%가 적정하다.

05 운행 시 자동차 조작 요령

(1) 브레이크의 이상 현상

① 베이퍼 록(Vaper Lock) 현상 : 연료 회로 또는 브레이크 장치 유압 회로 내에 브레이크액이 온도 상승으로 인하여 기화되어 압력 전달이 원활하게 이루어지지 않아 제동 기능이 저하되는 현상이다.
② 페이드(Fade) 현상 : 운행 중에 계속해서 브레이크를 사용함으로써 온도 상승으로 인해 제동 마찰제의 기능이 저하되어 마찰력이 약해지는 현상이다.
③ 모닝 록(Morning Lock) 현상 : 장마철이나 습도가 높은 날, 장시간 주차 후 브레이크 드럼 등에 미세한 녹이 발생하는 현상이다.

(2) 선회 특성과 방향 안정성

① 언더 스티어(Under steer) : 코너링 상태에서 구동력이 원심력보다 작아 타이어가 그립의 한계를 넘어서 핸들을 돌린 각도만큼 라인을 타지 못하고 코너 바깥쪽으로 밀려나가는 현상이다.
② 오버 스티어(Over steer) : 코너링 시 운전자가 핸들을 꺾었을 때 그 꺾은 범위보다 차량 앞쪽이 진행 방향의 안쪽(코너 안쪽)으로 더 돌아가려고 하는 현상이다.

(3) 자동차의 브레이크

장치	내용
풋 브레이크	• 주행 중 발을 이용하여 조작하는 주 제동 장치 • 휠 실린더의 피스톤이 브레이크 라이닝을 밀어주어 마찰력을 이용하여 타이어와 함께 회전하는 드럼을 잡아 감속, 정지시킴
주차 브레이크	• 자동차를 주차 또는 정차시킬 때 사용하는 제동 장치 • 풋브레이크와 달리 좌우의 뒷바퀴가 고정
ABS	• 제동 시에 바퀴를 잠그지 않음으로써 브레이크가 작동하는 동안에도 조향이 용이하고 제동 거리를 짧게 하는 제동 장치 • 일반적인 노면에서는 일반 브레이크와 동일한 기능을 하나 미끄러운 도로에서는 미끄러지기 직전의 상태로 각 바퀴의 제동력을 "ON", "OFF"시켜 제어
엔진 브레이크	• 저단 기어로 바꾸거나 가속 페달에서 발을 놓으면 엔진 브레이크가 작동되어 감속이 이루어짐 • 내리막길에서 풋브레이크만 사용하게 되면 브레이크 패드와 라이닝의 마찰에 의해 제동력이 감소하므로 엔진 브레이크를 사용하는 것이 안전

실전 연습문제

1 다음 중 예방정비 점검의 종류로 옳지 않은 것은?

① 운행 전 점검   ② 운행 후 점검
③ 정기점검   ④ 사고 시 점검

● Advice 예방정비 점검의 종류는 운행 전 점검, 운행 후 점검, 정기점검 등으로 구분하며 자동차여객운수사업에 있어 예방정비는 운수종사자의 필수 의무사항이기도 하다.

2 다음 중 일상 점검의 주의사항으로 옳지 않은 것은?

① 경사가 없는 평탄한 장소에서 점검한다.
② 변속레버는 P(주차)에 위치시킨 후 주차 브레이크를 당겨 놓는다.
③ 엔진을 점검할 때에는 엔진이 잘 돌아가는지 확인하기 위해 키고 실시한다.
④ 연료장치나 배터리 부근에서는 불꽃을 멀리 한다.

● Advice 일상 점검 시 주의사항
㉠ 경사가 없는 평탄한 장소에서 점검한다.
㉡ 변속레버는 P(주차)에 위치시킨 후 주차 브레이크를 당겨 놓는다.
㉢ 엔진 시동 상태에서 점검해야 할 사항이 아니면 엔진 시동을 끄고 한다.
㉣ 점검은 환기가 잘 되는 장소에서 실시한다.
㉤ 엔진을 점검할 때에는 가급적 엔진을 끄고, 식은 다음에 실시한다.(화상예방)
㉥ 연료장치나 배터리 부근에서는 불꽃을 멀리 한다.(화재예방)
㉦ 배터리, 전기 배선을 만질 때에는 미리 배터리의 ⊖ 단자를 분리한다.(감전 예방)

3 운행 전 자동차 점검 시 외관점검에 대한 사항으로 옳지 않은 것은?

① 차체가 기울지는 않았는가?
② 각종 벨트의 장력은 적당하며 손상된 곳은 없는가?
③ 반사기 및 번호판의 오염, 손상은 없는가?
④ 파워스티어링 오일 및 브레이크 액의 양과 상태는 양호한가?

● Advice ②는 엔진점검 시 확인해야 할 사항이다.
※ 운행 전 자동차 외관점검 사항
㉠ 유리는 깨끗하며 깨진 곳은 없는가?
㉡ 차체에 굴곡된 곳은 없으며 후드(보닛)의 고정은 이상이 없는가?
㉢ 타이어의 공기압력 마모 상태는 적절한가?
㉣ 차체가 기울지는 않았는가?
㉤ 후사경의 위치는 바르며 깨끗한가?
㉥ 차체에 먼지나 외관상 바람직하지 않은 것은 없는가?
㉦ 반사기 및 번호판의 오염, 손상은 없는가?
㉧ 휠 너트의 조임 상태는 양호한가?
㉨ 파워스티어링 오일 및 브레이크 액의 양과 상태는 양호한가?
㉩ 차체에서 오일이나 연료, 냉각수 등이 누출되는 곳은 없으며 라디에이터 캡과 연료탱크 캡은 이상 없이 채워져 있는가?
㉪ 각종 등화는 이상 없이 잘 작동되는가?

정답 ▶ 1.④ 2.③ 3.②

4 다음 중 짧은 점검 주기가 필요한 주행 조건으로 바르지 않은 것은?

① 모래, 먼지가 많은 지역 주행
② 한랭 지역을 주행한 경우
③ 산길, 오르막길, 내리막길의 주행 횟수가 적은 경우
④ 모래, 먼지가 많은 지역 주행

● Advice 짧은 점검 주기가 필요한 주행(가혹) 조건은 다음과 같다.
- 짧은 거리를 반복해서 주행
- 모래, 먼지가 많은 지역 주행
- 과도한 공회전
- 33℃ 이상의 온도에서 교통 체증이 심한 도로를 절반 이상 주행
- 험한 길(자갈길, 비포장길)의 주행 빈도가 높은 경우
- 산길, 오르막길, 내리막길의 주행 횟수가 많은 경우
- 고속 주행(약 180km/h)의 빈도가 높은 경우
- 해변, 부식 물질이 있는 곳, 한랭 지역을 주행한 경우

5 주행 전 안전벨트 착용에 대한 안전 수칙으로 옳지 않은 것은?

① 짧은 거리 주행 시 안전벨트는 착용하지 않아도 된다.
② 안전벨트의 꼬임을 방지하고 옷 구김 방지를 위해 인위적으로 안전벨트를 고정시키지 말아야 한다.
③ 안전벨트의 어깨띠 부분은 가슴 부위를 지나도록 해야 한다.
④ 안전벨트를 버클에 '찰칵' 소리가 날 때까지 확실하게 밀어 넣는다.

● Advice 주행 전 안전벨트 착용 안전 수칙
㉠ 짧은 거리의 주행 시에도 안전벨트를 착용한다.
㉡ 안전벨트의 꼬임을 방지하고 옷 구김 방지를 위해 인위적으로 안전벨트를 고정시키지 말아야 한다.
㉢ 안전벨트의 마모 상태(특히 끝부분의 균열)를 확인하여 사고 시 벨트가 찢어져 안전벨트의 기능을 못하는 일이 없도록 한다.
㉣ 탑승자가 기대거나 구부리지 않고 좌석에 깊게 걸터앉아, 등을 등받이에 기대어 똑바로 앉은 상태에서 안전벨트를 착용해야 한다.
㉤ 안전벨트의 어깨띠 부분은 가슴 부위를 지나도록 해야 한다.
㉥ 안전벨트의 골반띠 부분이 부드럽게 골반 부위를 지나도록 착용하여 사고 시 장 파열 등 신체 손상을 방지한다.
㉦ 안전벨트를 버클에 '찰칵' 소리가 날 때까지 확실하게 밀어 넣는다.
㉧ 안전벨트를 착용한 상태로 좌석 등받이를 뒤로 눕히면 안전벨트 아래로 신체가 빠져나와 만일의 경우, 안전벨트에 목이 걸리거나 심각한 부상을 입을 수 있다.

6 주행 전 핸들, 후사경, 룸 미러 등의 안전 수칙에 대하여 옳지 않은 것은?

① 운전석 시트는 출발 전에 조절하고 주행 중에는 절대로 조절하지 않는다.
② 후사경과 룸 미러를 조절하여 안전 운전을 위한 시계를 확보한다.
③ 모든 게이지 및 경고등을 확인한다.
④ 주차 브레이크를 채운 후 끌림 현상이 발생하는지 확인한다.

● Advice 주행 전 핸들, 후사경, 룸 미러 등의 안전 수칙
㉠ 운전석 시트는 출발 전에 조절하고 주행 중에는 절대로 조절하지 않는다.
㉡ 후사경과 룸 미러를 조절하여 안전 운전을 위한 시계를 확보한다.
㉢ 높이를 조절하는 핸들은 출발 전에 운전자의 신체에 맞게 조절한다.
㉣ 모든 게이지 및 경고등을 확인한다.
㉤ 주차 브레이크 해제 후 끌림 현상이 발생하는지 확인한다.

정답 ▶ 4.③ 5.① 6.④

7 피로가 운전에 미치는 영향에 대한 설명으로 틀린 것은?

① 교통표지를 간과하거나, 보행자를 알아보지 못한다.
② 긴급 상황에 필요한 조치를 제대로 하지 못한다.
③ 운전에 필요한 몸과 마음상태를 유지할 수 없다.
④ 사소한 일에도 당황하지 않으며, 판단을 정확히 한다.

● Advice ① 주의력 저하
② 사고력 및 판단력 저하
③ 지구력 저하

8 운전 중 피로를 푸는 방법으로 적합하지 않은 것은?

① 차 안에 항상 신선한 공기가 충분히 유입되도록 한다.
② 태양빛이 강하거나 눈의 반사가 심할 경우 선글라스를 착용한다.
③ 지루하게 느끼거나 졸음이 올 때에는 최대한 빨리 도착지로 향한다.
④ 정기적으로 차를 멈추어 차에서 나와 가벼운 체조를 한다.

● Advice 운전 중 피로를 푸는 방법
㉠ 차안에는 항상 신선한 공기가 충분히 유입되도록 한다. 차가 너무 덥거나 환기 상태가 나쁘면, 쉽게 피로감과 졸음을 느끼게 된다.
㉡ 태양빛이 강하거나 눈의 반사가 심할 때는 선바이저(햇빛 가리개)를 내리거나 선글라스를 착용한다.
㉢ 지루하게 느껴지거나 졸음이 올 때는 승객이 없는 시간을 이용하여 라디오를 틀거나, 노래 부르기 등의 방법을 써 본다.
㉣ 정기적으로 차를 멈추어 차에서 나와, 몇 분 동안 산책을 하거나 가볍게 체조를 한다.
㉤ 운전 중에 계속 피곤함을 느끼게 된다면, 운전을 지속하기보다는 차를 멈추어 휴식을 취한다.

9 다음 중 피로가 운전에 미치는 영향 중 신체적 요인이 아닌 것은?

① 의지력
② 감각능력
③ 운동능력
④ 졸음

● Advice ① 정신적 요인에 해당한다.
※ 신체적 요인 … 감각능력, 운동능력, 졸음 등

10 졸음운전의 징후에 대한 설명으로 옳지 않은 것은?

① 눈이 스르르 감기거나 전방을 제대로 주시할 수 없어진다.
② 이 생각, 저 생각이 나면서 많은 생각이 든다.
③ 차선을 제대로 유지 못하고 차가 좌우로 조금씩 왔다 갔다 하는 것을 느낀다.
④ 앞차에 바짝 붙는다거나 교통신호를 놓친다.

● Advice 졸음운전의 징후와 대처
㉠ 눈이 스르르 감기거나 전방을 제대로 주시할 수 없어진다.
㉡ 머리를 똑바로 유지하기가 힘들어진다.
㉢ 하품이 자주 난다.
㉣ 이 생각 저 생각이 나면서 생각이 단절된다.
㉤ 지난 몇 km를 어떻게 운전해 왔는지 가물가물하다.
㉥ 차선을 제대로 유지하지 못하고 차가 좌우로 조금씩 왔다 갔다 하는 것을 느낀다.
㉦ 앞차에 바짝 붙는다거나 교통신호를 놓친다.
㉧ 순간적으로 차도에서 갓길로 벗어나거나 거의 사고 직전에 이르기도 한다.
㉨ 이런 증상들이 나타나면 우선적으로 신선한 공기 흡입이 중요하다. 창문을 연다든가 에어컨의 외부 환기 시스템을 가동해서 신선한 공기를 마시도록 한다.

정답 7.④ 8.③ 9.① 10.②

11 주행 종료 후 안전 수칙 확인에 대하여 옳지 않은 것은?

① 주행 종료 후에도 긴장을 늦추지 않는다.
② 차량 관리를 위해 습기가 많고 통풍이 잘되지 않는 차고에는 주차하지 않는 것이 바람직하다.
③ 휴식을 위해 장시간 주·정차 시 반드시 시동을 끈다.
④ 휴식을 위해 장시간 주·정차 시 창문을 닫아 놓는다.

● Advice 주행 종료 후 안전 수칙 확인
㉠ 주행 종료 후에도 긴장을 늦추지 않는다.
㉡ 주행 종료 후 주차 시 가능한 편평한 곳에 주차하고 경사가 있는 곳에 주차할 경우 변속 기어를 "P"에 놓고 주차 브레이크를 작동시키고 바퀴를 좌·우측 방향으로 조향 핸들을 작동시킨다.
㉢ 차량 관리를 위해 습기가 많고 통풍이 잘되지 않는 차고에는 주차하지 않는 것이 바람직하다.
㉣ 휴식을 위해 장시간 주·정차 시 반드시 시동을 끈다. 무의식중에 변속 버튼을 누르거나 가속 페달을 밟아 예기치 못한 사고가 발생할 수 있으며, 과열로 인한 화재가 발생할 수 있다.
㉤ 휴식을 위해 장시간 주·정차 시 반드시 창문을 열어 놓는다. 시동을 걸고 에어컨이나 히터를 켜놓은 상태로 밀폐된 차 안에 오래 있을 경우 질식사할 가능성이 매우 높다.

12 세차시기로 적절하지 않은 것은?

① 겨울철에 동결 방지제(염화칼슘, 모래 등)가 뿌려진 도로를 주행하였을 경우
② 해안 지대를 주행하였을 경우
③ 진흙 및 먼지 등으로 심하게 오염되었을 경우
④ 실내에서 장시간 주차하였을 경우

● Advice 세차시기
㉠ 겨울철에 동결 방지제(염화칼슘, 모래 등)가 뿌려진 도로를 주행하였을 경우
㉡ 해안 지대를 주행하였을 경우
㉢ 진흙 및 먼지 등으로 심하게 오염되었을 경우
㉣ 옥외에서 장시간 주차하였을 경우
㉤ 아스팔트 공사 도로를 주행하였을 경우
㉥ 새의 배설물, 벌레 등이 붙어 도장이 손상되었을 가능성이 있는 경우

13 다음 중 타이어의 마모에 영향을 미치는 요소가 아닌 것은?

① 타이어 공기압   ② 공기중량
③ 브레이크   ④ 노면

● Advice 타이어의 마모에 영향을 미치는 요소
㉠ 타이어 공기압
㉡ 차의 하중
㉢ 차의 속도
㉣ 커브(도로의 굽은 부분)
㉤ 브레이크
㉥ 노면
㉦ 정비불량
㉧ 기온
㉨ 운전자의 운전습관, 타이어 트레드 패턴

정답 11.④ 12.④ 13.②

14 자동차용 LPG의 주성분으로 바르게 짝지어진 것은?

① C_3H_8, C_4H_{10}
② C_6H_4, C_3H_{10}
③ C_6H_4, C_4H_{10}
④ C_3H_8, C_3H_{10}

> **Advice** LPG의 주성분으로는 프로판(C_3H_8)과 부탄(C_4H_{10}) 등으로 이루어져 있다.

15 LPG 자동차의 장점으로 볼 수 없는 것은?

① 연료비가 적게 들어 경제적이다.
② 노킹(Knocking) 현상이 자주 발생한다.
③ 가솔린 자동차에 비해 엔진 소음이 적다.
④ 엔진 관련 부품의 수명이 상대적으로 길어 경제적이다.

> **Advice** 연료의 옥탄가가 높아 노킹(Knocking) 현상이 거의 발생하지 않는다.

16 LPG 연료탱크에서 충전 밸브의 색상은 무엇인가?

① 황색
② 적색
③ 녹색
④ 흑색

> **Advice** LPG 연료탱크에서 충전 밸브는 녹색, 연료 차단 밸브는 적색을 띠고 있다.

17 오버 스티어 예방을 위해서는 어떻게 해야 하는가?

① 커브길 진입 전에 충분히 가속하여야 한다.
② 커브길 진입 후에 충분히 감속하여야 한다.
③ 커브길 진입 전에 충분히 감속하여야 한다.
④ 커브길 진입 중에 충분히 가속하여야 한다.

> **Advice** 오버 스티어 예방을 위해서는 커브길 진입 전에 충분히 감속하여야 한다. 만일 오버 스티어 현상이 발생할 때는 가속페달을 살짝 밟아 뒷바퀴의 구동력을 유지하면서 동시에 감은 핸들을 살짝 풀어줌으로서 방향을 유지하도록 한다.

18 아래의 글상자가 설명하고 있는 것은?

> 이것은 휠 실린더의 피스톤이 브레이크 라이닝을 밀어주어 마찰력을 이용하여 타이어와 함께 회전하는 드럼을 잡아 멈추게 한다.

① 풋 브레이크
② 주차 브레이크
③ ABS
④ 엔진 브레이크

> **Advice** 풋 브레이크
> ㉠ 주행 중 발을 이용하여 조작하는 주 제동 장치
> ㉡ 휠 실린더의 피스톤이 브레이크 라이닝을 밀어주어 마찰력을 이용하여 타이어와 함께 회전하는 드럼을 잡아 감속, 정지시킨다.

정답 14.① 15.② 16.③ 17.③ 18.①

19 다음 중 LPG자동차의 시동 요령에 대하여 옳지 않은 것은?

① 엔진 시동 전에 반드시 안전벨트를 착용하여 불의의 사고에 대비한다.
② 고온(여름철) 조건에서는 계기판에 PCT (LPG 연료를 예열하는 기능) 작동 지시등이 점등된다.
③ PTC 작동 지시등이 소등되었는지 확인 후, 엔진 시동을 건다.
④ Start/Stop 버튼으로 엔진 시동을 걸 경우, 브레이크 페달을 밟고 시동 버튼을 누른다.

● Advice LPG 자동차의 시동 요령
  ㉠ 엔진 시동 전에 반드시 안전벨트를 착용하여 불의의 사고에 대비한다.
  ㉡ 주차 브레이크 레버를 당긴다.
  ㉢ 모든 전기 장치는 OFF 시킨다.
  ㉣ 점화 스위치를 "ON"모드로 변환시킨다.
  ㉤ 점화 스위치를 "ON"모드로 변환했을 경우 "딱"하는 소리가 들릴 수 있으나 이는 시동 전에 연료 공급을 위한 밸브가 열리는 소리로 차량에는 이상이 없다.
  ㉥ 저온(겨울철) 조건에서는 계기판에 PCT(LPG 연료를 예열하는 기능) 작동 지시등이 점등된다. 이는 시동성 향상을 위한 것으로 부품의 성능에는 영향이 없다.
  ㉦ PTC 작동 지시등이 점등되는 동안에는 엔진 시동이 걸리지 않는다.
  ㉧ PTC 작동 지시등이 소등되었는지 확인 후, 엔진 시동을 건다.
  ㉨ 점화 스위치를 이용하여 엔진 시동을 걸 경우, 브레이크 페달을 밟고 키를 돌린다.
  ㉩ Start/Stop 버튼으로 엔진 시동을 걸 경우, 브레이크 페달을 밟고 시동 버튼을 누른다.

20 브레이크의 이상 현상으로 운행 중에 계속해서 브레이크를 사용함으로써 온도 상승으로 인해 제동 마찰제의 기능이 저하되어 마찰력이 약해지는 현상을 무엇이라 하는가?

① 베이퍼 룩 현상
② 모닝 룩 현상
③ 페이드 현상
④ 수막 현상

● Advice 페이드(Fade) 현상
  ㉠ 운행 중에 계속해서 브레이크를 사용함으로써 온도 상승으로 인해 제동 마찰제의 기능이 저하되어 마찰력이 약해지는 현상이다.
  ㉡ 일정 시간 경과 후 온도가 내려가면 정상적으로 회복된다.

정답 19.② 20.③

21 언더 스티어(Under steer) 현상에 대한 내용으로 틀린 것은?

① 코너링 상태에서 구동력이 원심력보다 작아 타이어가 그립의 한계를 넘어서 핸들을 돌린 각도만큼 라인을 타지 못하고 코너 바깥쪽으로 밀려나가는 현상이다.
② 흔히 후륜구동(Front wheel Rear drive) 차량에서 주로 발생한다.
③ 핸들을 지나치게 꺾거나 과속, 브레이크 잠김 등이 원인이 되어 발생할 수 있다.
④ 커브길을 돌 때에 속도가 너무 높거나, 가속이 진행되는 동안에는 원심력을 극복 할 수 있는 충분한 마찰력이 발생하기 어렵다.

● Advice ②는 오버 스티어(Over steer) 현상에 대한 설명으로 언더 스티어(Under steer) 현상은 언더 스티어(Under Steer) 현상은 흔히 전륜구동(Front wheel Front drive) 차량에서 주로 발생한다.
※ 오버 스티어(Over steer) … 코너링 시 운전자가 핸들을 꺾었을 때 그 꺾은 범위보다 차량 앞쪽이 진행방향의 안쪽(코너 안쪽)으로 더 돌아가려고 하는 현상을 말한다.

22 차바퀴가 빠져 헛도는 경우 시 대처방법으로 옳지 않은 것은?

① 변속 레버를 '전진'과 'R(후진)'위치로 번갈아 두며 가속 페달을 부드럽게 밟으면서 탈출을 시도한다.
② 필요한 경우에는 납작한 돌, 나무 또는 바퀴의 미끄럼을 방지할 수 있는 물건을 타이어 밑에 놓은 다음 자동차를 앞뒤로 반복하여 움직이면서 탈출을 시도한다.
③ 진흙이나 모래 속을 빠져나오기 위해 무리해서라도 엔진 회전수를 올려 빠져나온다.
④ 주위 사람들을 안전지대로 피하게 한 뒤 시동을 건다.

● Advice ③ 진흙이나 모래 속을 빠져나오기 위해 무리하게 엔진 회전수를 올리게 되면 엔진 손상, 과열, 변속기 손상 및 타이어의 손상을 초래할 수 있다.

정답 ▶ 21.② 22.③

02 자동차 응급조치요령

01 상황별 응급조치

(1) 엔진 오버히트가 발생하는 경우 점검 사항

① 오버히트가 발생하는 경우
  ㉠ 냉각수의 부족 여부 확인
  ㉡ 엔진 내부가 얼어 냉각수가 순환하지 않는 경우인지 확인

② 엔진 오버히트가 발생할 때의 징후
  ㉠ 운행 중 수온계가 H 부분을 가리키는 경우
  ㉡ 엔진 출력이 갑자기 떨어지는 경우
  ㉢ 노킹 소리가 들리는 경우

③ 엔진 오버히트가 발생할 때의 안전 조치 사항
  ㉠ 비상 경고등을 작동시킨 후 도로의 가장자리로 안전하게 이동하여 정차한다.
  ㉡ 여름에는 에어컨, 겨울에는 히터의 작동을 중지시킨다.
  ㉢ 엔진이 작동하는 상태에서 보닛(Bonnet)을 열어 엔진을 냉각시킨다.
  ㉣ 엔진을 충분히 냉각시킨 다음에는 냉각수의 양을 점검하고 라디에이터 호스의 연결 부위 등의 누수 여부를 확인한다.
  ㉤ 특이한 사항이 없다면 냉각수를 보충하여 운행하고, 누수나 오버히트가 발생할 만한 문제가 발견된다면 점검을 받아야 한다.

(2) 타이어에 펑크가 난 경우 조치 사항

① 운행 중 타이어가 펑크 났을 경우에는 핸들이 돌아가지 않도록 견고하게 잡고, 비상 경고등을 작동시킨다.(한쪽으로 쏠리는 현상 예방)

② 가속 페달에서 발을 떼어 속도를 서서히 감속시키면서 길 가장자리로 이동한다. (급브레이크를 밟게 되면서 양쪽 바퀴의 제동력 차이로 자동차가 회전하는 것을 예방)

③ 브레이크를 밟아 차를 도로 옆 평탄하고 안전한 장소에 주차한 후 주차 브레이크를 당겨 놓는다.

④ 자동차의 운전자가 고장난 자동차의 표지를 직접 설치하는 경우 그 자동차의 후방에서 접근하는 차량들의 운전자들이 확인할 수 있는 위치에 설치하여야 한다. 밤에는 사방 500m 지점에서 식별할 수 있는 적색의 섬광 신호, 전기제등 또는 불꽃 신호를 추가로 설치한다.

⑤ 잭을 사용하여 차체를 들어 올릴 때 자동차가 밀려 나가는 현상을 방지하기 위해 교환할 타이어의 대각선에 위치한 타이어에 고임목을 설치한다.

(3) 배출 가스에 의한 점검 사항

자동차 후면에 장착된 머플러(소음기) 배관에서 배출되는 가스의 색을 자세히 살펴보면 엔진 상태를 알 수 있다.

① 무색 : 완전 연소 시 정상 배출 가스의 색은 무색 또는 약간 엷은 청색을 띤다.

② 검은색
  ㉠ 농후한 혼합 가스가 들어가 불완전하게 연소되는 경우이다.
  ㉡ 초크 고장이나 에어 클리너 엘리먼트의 막힘, 연료 장치 고장 등을 확인

③ 백색
  ㉠ 엔진 안에서 다량의 엔진 오일이 실린더 위로 올라와 연소되는 경우
  ㉡ 헤드 개스킷 파손, 밸브의 오일 씰 노후 또는 피스톤 링의 마모 등 확인

(4) 교통사고 발생 시 조치 사항

① LPG 스위치를 끈 후 엔진을 정지시킨다.
② 동행 승객을 빨리 대피시킨다.
③ 트렁크 안에 있는 용기의 연료 출구 밸브(황색, 적색) 2개를 모두 잠근다.
④ 누출 부위에 불이 붙었을 경우 신속하게 소화기 또는 물로 불을 끈다.

(5) 응급조치가 불가능할 경우

① 부근의 화기를 신속하게 제거한다.
② 소방서, 경찰서 등에 신고한다.
③ 차량에서 일정 부분 떨어진 후 주변 차량의 접근을 막는다.

(6) 운행 중 충전 경고등이 점멸되는 경우

① 엔진이 회전하는 상태에서 모든 전원의 공급은 발전기에서 담당한다.
② 배터리는 발전기에 남는 전기를 저장해두었다가 시동을 걸 때 시동 모터를 회전시키는 역할을 한다.
③ 충전 경고등에 불이 들어온다는 것은 발전기에서 전기가 발생되지 않았을 경우이다.
④ 충전 경고등에 불이 들어온 상태에서 계속 운행을 하게 되면 남은 전기를 사용하게 되어 배터리가 방전되어 시동이 꺼질 가능성이 매우 높아진다.
⑤ 충전 경고등이 들어오면 우선 안전한 장소로 이동하여 주차하고 시동을 끈다.
⑥ 보닛(Bonnet)을 열어 구동 벨트가 끊어지거나 헐거워졌는지 확인한다.
⑦ 수리할 조건이 안 되면 가까운 정비업소에서 정비를 받고 운행한다.

02 장치별 응급조치

(1) 운행 중 전조등 고장 시 응급조치요령

① 야간 운행 중 전조등이 고장 나면 안개등을 자동 점등시켜 운행한다.
② 퓨즈가 단락되었는지 확인하고 단락된 경우 예비용 퓨즈로 교체한다.
③ 안개등만으로 장거리 운행 시 시야의 확보가 어려워 사고가 일어날 가능성이 높아진다.
④ 임시로 전조등 바로 위 보닛(Bonnet) 부분을 쳐주면 전조등이 켜질 가능성이 있다.
⑤ 안전한 장소로 주차한 후 수리를 요청한다.

(2) 와이퍼 고장 시 응급조치요령

① 눈이나 비가 많이 오는 날에 와이퍼는 필수 장치이다.
② 운행 중 와이퍼가 고장이 난다면 시야의 확보가 어려워 사고를 유발할 수 있다.
③ 와이퍼 고장 시 차량을 안전한 곳으로 이동시킨 후, 담배 가루나 나뭇잎, 비눗물로 차량 유리를 문질러주면 일정 시간 동안 시야가 확보된다.

(3) 겨울철 주차 브레이크가 풀리지 않을 경우 응급조치요령

① 겨울철 옥외 주차 시 주차 브레이크를 작동하면 시동은 정상적으로 걸리나 바퀴가잠기는 경우가 발생할 수 있다.
② 주차 브레이크를 해제하고 앞·뒤로 이동하거나 뜨거운 물을 이용하여 동결된 부분을 녹여준다.
③ 주차 브레이크 동결 현상을 예방하기 위해서는 변속기어를 수동은 1단이나 후진으로, 자동은 P(주차) 상태로 주차하고 경사가 있는 지역이라면 고임목을 단단히 받히고 주차한다.

실전 연습문제

1 농후한 혼합 가스가 들어가 불완전하게 연소되는 경우 자동차 후면에 장착된 머플러(소음기) 배관에서 배출되는 가스의 색은 무엇인가?

① 무색
② 녹색
③ 백색
④ 검은색

> **Advice** 농후한 혼합 가스가 들어가 불완전하게 연소되는 경우 자동차 후면에 장착된 머플러(소음기) 배관에서 검은색이 배출되며 초크 고장이나 에어 클리너 엘리먼트의 막힘, 연료 장치 고장 등을 확인한다.

2 엔진 오버히트가 발생할 때의 안전 조치 사항으로 옳지 않은 것은?

① 비상 경고등을 작동시킨 후 도로의 가장자리로 안전하게 이동하여 정차한다.
② 엔진이 작동하는 상태에서 보닛(Bonnet)을 열어 엔진을 냉각시킨다.
③ 여름에는 에어컨, 겨울에는 히터를 작동시킨다.
④ 엔진을 충분히 냉각시킨 다음에는 냉각수의 양을 점검하고 라디에이터 호스의 연결 부위 등의 누수 여부를 확인한다.

> **Advice** 엔진 오버히트가 발생할 때의 안전 조치 사항
> ㉠ 비상 경고등을 작동시킨 후 도로의 가장자리로 안전하게 이동하여 정차한다.
> ㉡ 여름에는 에어컨, 겨울에는 히터의 작동을 중지시킨다.
> ㉢ 엔진이 작동하는 상태에서 보닛(Bonnet)을 열어 엔진을 냉각시킨다.
> ㉣ 엔진을 충분히 냉각시킨 다음에는 냉각수의 양을 점검하고 라디에이터 호스의 연결 부위 등의 누수 여부를 확인한다.
> ㉤ 특이한 사항이 없다면 냉각수를 보충하여 운행하고, 누수나 오버히트가 발생할 만한 문제가 발견된다면 점검을 받아야 한다.

3 타이어에 펑크가 난 경우 조치 사항으로 옳지 않은 것은?

① 운행 중 타이어가 펑크 났을 경우에는 핸들이 돌아가지 않도록 견고하게 잡고, 비상 경고등을 작동시킨다.
② 브레이크를 밟아 차를 도로 옆 평탄하고 안전한 장소에 주차한 후 주차 브레이크를 당겨 놓는다.
③ 자동차의 운전자가 고장난 자동차의 표지를 직접 설치하는 경우 그 자동차의 후방에서 접근하는 차량들의 운전자들이 확인할 수 있는 위치에 설치하여야 한다.
④ 밤에는 운전자의 시야가 방해되지 않도록 전기제등 또는 불꽃 신호 등을 설치하지 않는다.

> **Advice** 자동차의 운전자가 고장난 자동차의 표지를 직접 설치하는 경우 그 자동차의 후방에서 접근하는 차량들의 운전자들이 확인할 수 있는 위치에 설치하여야 한다. 밤에는 사방 500m 지점에서 식별할 수 있는 적색의 섬광 신호, 전기제등 또는 불꽃 신호를 추가로 설치한다.

정답 1.④ 2.③ 3.④

4 운행 중 충전 경고등이 점멸되는 경우 조치사항으로 옳지 않은 것은?

① 충전 경고등이 들어오면 우선 안전한 장소로 이동하여 주차하고 시동을 끈다.
② 충전 경고등에 불이 들어온 상태에서 계속 운행을 하며 지속적으로 확인한다.
③ 보닛(Bonnet)을 열어 구동 벨트가 끊어지거나 헐거워졌는지 확인한다.
④ 수리할 조건이 안 되면 가까운 정비업소에서 정비를 받고 운행한다.

● Advice 충전 경고등에 불이 들어온 상태에서 계속 운행을 하게 되면 남은 전기를 사용하게 되어 배터리가 방전되어 시동이 꺼질 가능성이 매우 높아진다.

5 조향 계통에서 스티어링 휠(핸들)이 떨리는 추정 원인으로 옳지 않은 것은?

① 타이어의 무게 중심이 맞지 않는다.
② 휠 니드(허브 너트)기 풀러 있다.
③ 타이어의 공기압이 타이어마다 다르다.
④ 앞바퀴의 공기압이 부족하다.

● Advice 조향 계통에서 스티어링 휠(핸들)이 떨리는 추정 원인
㉠ 타이어의 무게 중심이 맞지 않는다.
㉡ 휠 너트(허브 너트)가 풀려 있다.
㉢ 타이어의 공기압이 타이어마다 다르다.
㉣ 타이어가 편마모 되어 있다.

6 엔진 계통에서 시동 모터가 작동되지 않거나 천천히 회전하는 경우 추정원인과 응급 조치 사항이 적절하지 않은 것은?

① 추정원인 : 접지 케이블이 이완되어 있다.
  조치사항 : 접지 케이블을 느슨하게 푼다.
② 추정원인 : 배터리가 방전되었다.
  조치사항 : 배터리를 충전하거나 교환한다.
③ 추정원인 : 배터리 단자의 부식, 이완, 빠짐 현상이 있다.
  조치사항 : 배터리 단자의 부식된 부분을 깨끗하게 처리하고 단단하게 고정한다.
④ 추정원인 : 엔진 오일의 점도가 너무 높다.
  조치사항 : 적정 점도의 오일로 교환한다.

● Advice 시동 모터가 작동되지 않거나 천천히 회전하는 경우 응급 조치요령

추정 원인	조치 사항
배터리가 방전되었다.	배터리를 충전하거나 교환한다.
배터리 단자의 부식, 이완, 빠짐 현상이 있다.	배터리 단자의 부식된 부분을 깨끗하게 처리하고 단단하게 고정한다..
접지 케이블이 이완되어 있다.	접지 케이블을 단단하게 고정한다.
엔진 오일의 점도가 너무 높다.	적정 점도의 오일로 교환한다.

정답 4.② 5.④ 6.①

7 제동 계통에서 브레이크의 제동 효과가 나쁠 경우 추정 원인이 공기누설(타이어 공기가 빠져나가는 현상)이 있을 때의 조치사항은 무엇인가?

① 적정 공기압으로 조정한다.
② 라이닝 간극을 조정 또는 라이닝을 교환한다.
③ 브레이크 계통을 점검하여 풀려 있는 부분은 다시 조인다.
④ 타이어를 교환한다.

● Advice 공기누설(타이어 공기가 빠져나가는 현상)이 있을 시 브레이크 계통을 점검하여 풀려 있는 부분은 다시 조인다.

8 운행 중 전조등 고장 시 응급조치요령이 아닌 것은?

① 야간 운행 중 전조등이 고장 나면 안개등을 자동 점등시켜 운행한다.
② 퓨즈가 단락되었는지 확인하고 단락된 경우 예비용 퓨즈로 교체한다.
③ 운행 중 전조등이 고장 나면 그 즉시 차를 세워 수리를 요청한다.
④ 임시로 전조등 바로 위 보닛(Bonnet) 부분을 쳐주면 전조등이 켜질 가능성이 있다.

● Advice 운행 중 전조등 고장 시 응급조치요령
㉠ 야간 운행 중 전조등이 고장 나면 안개등을 자동 점등시켜 운행한다.
㉡ 퓨즈가 단락되었는지 확인하고 단락된 경우 예비용 퓨즈로 교체한다.
㉢ 안개등만으로 장거리 운행 시 시야의 확보가 어려워 사고가 일어날 가능성이 높아진다.
㉣ 임시로 전조등 바로 위 보닛(Bonnet) 부분을 쳐주면 전조등이 켜질 가능성이 있다.
㉤ 안전한 장소로 주차한 후 수리를 요청한다.

9 엔진 계통 응급조치 시 시동 모터가 작동되나 시동이 걸리지 않는 경우의 추정할 수 있는 원인이 아닌 것은?

① 접지 케이블이 이완되어 있다.
② 연료 필터가 막혀 있다.
③ 예열작동이 불충분하다
④ 연료가 떨어졌다.

● Advice ①은 엔진 계통 응급조치 시 시동 모터가 작동되지 않거나 천천히 회전하는 경우의 추정원인에 해당한다.

10 엔진 계통 응급조치 시 연료 소비량이 많다고 추정되는 원인으로 옳지 않은 것은?

① 타이어 공기압이 부족하다.
② 클러치가 미끄러진다.
③ 밸브 간극이 비정상이다.
④ 연료 누출이 있다.

● Advice 엔진 계통 응급조치 시 연료 소비량이 많다고 추정되는 원인은 다음과 같다.
• 연료 누출이 있다.
• 타이어 공기압이 부족하다.
• 클러치가 미끄러진다.
• 브레이크가 제동된 상태에 있다.

정답 7.③ 8.③ 9.① 10.③

03 자동차 구조 및 특성

01 동력전달 장치

(1) 동력전달장치

동력발생장치(엔진)는 자동차의 주행과 주행에 필요한 보조 장치들을 작동시키기 위한 동력을 발생시키는 장치이며, 동력전달장치는 동력발생장치에서 발생한 동력을 주행상황에 맞는 적절한 상태로 변화를 주어 바퀴에 전달하는 장치이다.

(2) 클러치

클러치는 수동 변속기 자동차에 적용되는 구조로서 엔진의 동력을 변속기에 전달하거나 차단하는 역할을 하며, 엔진 시동을 작동시킬 때나 기어를 변속할 때에는 동력을 끊고, 출발할 때에는 엔진의 동력을 서서히 연결하는 일을 한다.

① 클러치의 필요성
  ㉠ 엔진을 작동시킬 때 엔진을 무부하 상태로 유지한다.
  ㉡ 변속기의 기어를 변속할 때 엔진의 동력을 일시 차단한다.
  ㉢ 속도에 따른 변속기의 기어를 저속 또는 고속으로 바꾸는데 필요하며 관성운전, 고속운전, 저속운전, 등판운전, 내리막길 엔진브레이크 등 운전자의 의사대로 변속을 자유롭게 할 수 있게 한다.

② 클러치의 구비조건
  ㉠ 냉각이 잘 되어 과열하지 않아야 한다.
  ㉡ 구조가 간단하고, 다루기 쉬우며 고장이 적어야 한다.
  ㉢ 회전력 단속 작용이 확실하며, 조작이 쉬워야 한다.
  ㉣ 회전부분의 평형이 좋아야 한다.
  ㉤ 회전관성이 적어야 한다.

③ 클러치가 미끄러지는 원인
  ㉠ 클러치 페달의 자유간극(유격)이 없다.
  ㉡ 클러치 디스크의 마멸이 심하다.
  ㉢ 클러치 디스크에 오일이 묻어 있다.
  ㉣ 클러치 스프링의 장력이 약하다.

④ 클러치가 미끄러질 때의 영향
  ㉠ 연료 소비량이 증가한다.
  ㉡ 엔진이 과열한다.
  ㉢ 등판능력이 감소한다.
  ㉣ 구동력이 감소하여 출발이 어렵고, 증속이 잘 되지 않는다.

⑤ 클러치 차단이 잘 안되는 원인
  ㉠ 클러치 페달의 자유간극이 크다.
  ㉡ 릴리스 베어링이 손상되었거나 파손되었다.
  ㉢ 클러치 디스크의 흔들림이 크다.
  ㉣ 유압장치에 공기가 혼입되었다.
  ㉤ 클러치 구성부품이 심하게 마멸되었다.

(3) 수동변속기

변속기는 도로의 상태, 주행속도, 적재 하중 등에 따라 변하는 구동력에 대응하기 위해 엔진과 추진축 사이에 설치되어 엔진의 출력을 자동차 주행속도에 알맞게 회전력과 속도로 바꾸어서 구동바퀴에 전달하는 장치를 말한다.

① 변속기의 필요성
  ㉠ 엔진과 차축 사이에서 회전력을 변환시켜 전달한다.
  ㉡ 엔진을 시동할 때 엔진을 무부하 상태로 한다.
  ㉢ 자동차를 후진시키기 위하여 필요하다.

② 변속기의 구비조건
  ㉠ 가볍고, 단단하며, 다루기 쉬워야 한다.
  ㉡ 조작이 쉽고, 신속·확실하며, 작동 시 소음이 적어야 한다.

ⓒ 연속적으로 또는 자동적으로 변속이 되어야 한다.
ⓓ 동력전달 효율이 좋아야 한다.

(4) 자동변속기
자동변속기란 클러치와 변속기의 작동이 자동차의 주행속도나 부하에 따라 자동적으로 이루어지는 장치를 말한다.

① 장점
ⓐ 기어변속이 자동으로 이루어져 운전이 편리하다.
ⓑ 발진과 가감속이 원활하여 승차감이 좋다.
ⓒ 조작 미숙으로 인한 시동 꺼짐이 없다.
ⓓ 유체가 댐퍼 역할을 하기 때문에 충격이나 진동이 적다.

② 단점
ⓐ 구조가 복잡하고 가격이 비싸다.
ⓑ 차를 밀거나 끌어서 시동을 걸 수 없다.
ⓒ 연료소비율이 약 10% 정도 많아진다.

③ 자동변속기의 오일 색깔
ⓐ 정상 : 투명도가 높은 붉은 색
ⓑ 갈색 : 가혹한 상태에서 사용되거나, 장시간 사용한 경우
ⓒ 투명도가 없어지고 검은 색을 띨 때 : 자동변속기 내부의 클러치 디스크의 마멸분말에 의한 오손, 기어가 마멸된 경우
ⓓ 니스 모양으로 된 경우 : 오일이 매우 높은 고온에 노출된 경우
ⓔ 백색 : 오일에 수분이 다량으로 유입된 경우

(5) 타이어

① 주요 기능
ⓐ 자동차의 하중을 지탱하는 기능을 한다.
ⓑ 엔진의 구동력 및 브레이크의 제동력을 노면에 전달하는 기능을 한다.
ⓒ 노면으로부터 전달되는 충격을 완화시키는 기능을 한다.
ⓓ 자동차의 진행방향을 전환 또는 유지시키는 기능을 한다.

② 튜브리스 타이어(튜브 없는 타이어)
ⓐ 튜브 타이어에 비해 공기압을 유지하는 성능이 좋다.
ⓑ 못에 찔려도 공기가 급격히 새지 않는다.
ⓒ 타이어 내부의 공기가 직접 림에 접촉하고 있기 때문에 주행 중에 발생하는 열의 발산이 좋아 발열이 적다.
ⓓ 튜브 물림 등 튜브로 인한 고장이 없다.
ⓔ 튜브 조립이 없으므로 펑크 수리가 간단하고, 작업능률이 향상된다.
ⓕ 림이 변형되면 타이어와의 밀착이 불량하여 공기가 새기 쉽다.
ⓖ 유리 조각 등에 의해 손상되면 수리하기가 어렵다.

③ 바이어스 타이어 : 바이어스 타이어의 카커스는 1 플라이씩 서로 번갈아 가면서 코드의 각도가 다른 방향으로 엇갈려 있어 코드가 교차하는 각도는 지면에 닿는 부분에서 원주방향에 대해 40도 전후로 되어 있다. 이 타이어는 오랜 연구기간의 연구 성과에 의해 전반적으로 안정된 성능을 발휘하고 있다.

④ 레디얼 타이어
ⓐ 접지면적이 크다.
ⓑ 타이어 수명이 길다.
ⓒ 트레드가 하중에 의한 변형이 적다.
ⓓ 회전할 때에 구심력이 좋다.
ⓔ 스탠딩웨이브 현상이 잘 일어나지 않는다.
ⓕ 고속으로 주행할 때에는 안전성이 크다.
ⓖ 충격을 흡수하는 강도가 적어 승차감이 좋지 않다.
ⓗ 저속으로 주행할 때에는 조향 핸들이 다소 무겁다.

⑤ 스노타이어
ⓐ 눈길에서 미끄러짐이 적게 주행할 수 있도록 제작된 타이어로 바퀴가 고정되면 제동거리가 길어진다.
ⓑ 스핀을 일으키면 견인력이 감소하므로 출발을 천천히 해야 한다.
ⓒ 구동 바퀴에 걸리는 하중을 크게 해야 한다.
ⓓ 트레드 부가 50% 이상 마멸되면 제 기능을 발휘하지 못한다.

02 현가장치

(1) 현가장치

현가장치는 주행 중 노면으로부터 발생하는 진동이나 충격을 완화시켜 차체나 각 장치에 직접 전달하는 것을 방지하여 자동차를 보호하며 화물의 손상을 방지하고, 승차감과 자동차의 주행 안전성을 향상시키는 역할을 담당한다.

① 판 스프링
  ㉠ 판 스프링은 적당히 구부린 띠 모양의 스프링 강을 몇 장 겹쳐 그 중심에서 볼트로 조인 것을 말한다. 버스나 화물차에 사용한다.
  ㉡ 스프링 자체의 강성으로 차축을 정해진 위치에 지지할 수 있어 구조가 간단하다.
  ㉢ 판간 마찰에 의한 진동의 억제작용이 크다.
  ㉣ 내구성이 크다.
  ㉤ 판가 마찰이 있기 때문에 작은 진동은 흡수가 곤란하다.

② 코일 스프링
  ㉠ 코일 스프링은 스프링 강을 코일 모양으로 감아서 제작한 것으로 외부의 힘을 받으면 비틀려진다.
  ㉡ 코일 스프링은 판 스프링과 같이 판간 마찰작용이 없기 때문에 진동에 대한 감쇠작용을 못하며, 옆 방향 작용력에 대한 저항력도 없다.
  ㉢ 차축을 지지할 때는 링크기구나 쇽업소버를 필요로 하고 구조가 복잡하다. 그러나 단위중량당 에너지 흡수율이 판 스프링보다 크고 유연하기 때문에 승용차에 많이 사용된다.

③ 토션바 스프링
  ㉠ 토션바 스프링은 비틀었을 때 탄성에 의해 원위치하려는 성질을 이용한 스프링 강의 막대이다.
  ㉡ 스프링의 힘은 바의 길이와 단면적에 따라 결정되며 코일 스프링과 같이 진동의 감쇠작용이 없어 쇽업소버를 병용하며 구조가 간단하다.

④ 공기스프링
  ㉠ 공기의 탄성을 이용한 스프링으로 다른 스프링에 비해 유연한 탄성을 얻을 수 있고, 노면으로부터의 작은 진동도 흡수할 수 있다.
  ㉡ 승차감이 우수하기 때문에 장거리 주행 자동차 및 대형버스에 사용된다.
  ㉢ 차량무게의 증감에 관계없이 언제나 차체의 높이를 일정하게 유지할 수 있다.
  ㉣ 스프링의 세기가 하중에 거의 비례해서 변화하기 때문에 짐을 실었을 때나 비었을 때의 승차감에는 차이가 없다.
  ㉤ 구조가 복잡하고 제작비가 비싸다.

⑤ 쇽업소버(스프링 진동 감압시켜 진폭을 줄이는 기능)
  ㉠ 노면에서 발생한 스프링의 진동을 재빨리 흡수하여 승차감을 향상 시키고 동시에 스프링의 피로를 줄이기 위해 설치하는 장치이다.
  ㉡ 쇽업소버는 움직임을 멈추려고 하지 않는 스프링에 대하여 역 방향으로 힘을 발생시켜 진동의 흡수를 앞당긴다.
  ㉢ 스프링이 수축하려고 하면 쇽업소버는 수축하지 않도록 하는 힘을 발생시키고, 반대로 스프링이 늘어나려고 하면 늘어나지 않도록 하는 힘을 발생시키는 작용을 하므로 스프링의 상하 운동에너지를 열에너지로 변환시켜 준다.
  ㉣ 쇽업소버는 노면에서 발생하는 진동에 대해 일정 상태까지 그 진동을 정지시키는 힘인 감쇠력이 좋아야 한다.

⑥ 스태빌라이저
  ㉠ 좌, 우 바퀴가 동시에 상하 운동을 할 때에는 작용을 하지 않으나 좌우 바퀴가 서로 다르게 상하 운동을 할 때 작용하여 차체의 기울기를 감소시켜 주는 장치이다.
  ㉡ 커브 길에서 자동차가 선회할 때 원심력 때문에 차체가 기울어지는 것을 감소시켜 차체가 롤링(좌우 진동)하는 것을 방지하여 준다.
  ㉢ 스태빌라이저는 토션바의 일종으로 양끝이 좌우의 로어 컨트롤 암에 연결되며 가운데는 차체에 설치된다.

03 조향장치

(1) 조향장치
조향장치는 자동차의 진행 방향을 운전자가 의도하는 바에 따라서 임의로 조작할 수 있는 장치이다.

(2) 조향장치의 구비조건
① 조향 조작이 주행 중의 충격에 영향을 받지 않아야 한다.
② 조작이 쉽고, 방향 전환이 원활하게 이루어져야 한다.
③ 진행방향을 바꿀 때 섀시 및 바디 각 부에 무리한 힘이 작용하지 않아야 한다.
④ 고속주행에서도 조향 조작이 안정적이어야 한다.
⑤ 조향 핸들의 회전과 바퀴 선회 차이가 크지 않아야 한다. 바. 수명이 길고 정비하기 쉬워야 한다.

(3) 동력조향장치
자동차의 대형화 및 저압 타이어의 사용으로 앞바퀴의 접지압력과 면적이 증가하여 신속한 조향이 어렵게 됨에 따라 가볍고 원활한 조향조작을 위해 엔진의 동력으로 오일펌프를 구동시켜 발생한 유압을 이용하여 조향핸들의 조작력을 경감시키는 장치를 말한다.

① 장점
  ㉠ 조향 조작력이 작아도 된다.
  ㉡ 노면에서 발생한 충격 및 진동을 흡수한다.
  ㉢ 앞바퀴의 시미 현상(바퀴가 좌우로 흔들리는 현상)을 방지할 수 있다.
  ㉣ 조향조작이 신속하고 경쾌하다.
  ㉤ 앞바퀴가 펑크 났을 때 조향핸들이 갑자기 꺾이지 않아 위험도가 낮다.

② 단점
  ㉠ 기계식에 비해 구조가 복잡하고 값이 비싸다.
  ㉡ 고장이 발생한 경우에는 정비가 어렵다.
  ㉢ 오일펌프 구동에 엔진의 출력이 일부 소비된다.

(4) 휠 얼라이먼트
① 역할
  ㉠ 캐스터의 작용 : 조향핸들의 조작을 확실하게 하고 안전성을 준다.
  ㉡ 캐스터와 조향축(킹핀) 경사각의 작용 : 조향핸들에 복원성을 부여한다.
  ㉢ 캠버와 조향축(킹핀) 경사각의 작용 : 조향핸들의 조작을 가볍게 한다.
  ㉣ 토인의 작용 : 타이어 마멸을 최소로 한다.

② 필요한 시기
  ㉠ 자동차 하체가 충격을 받았거나 사고가 발생한 경우
  ㉡ 타이어를 교환한 경우
  ㉢ 핸들의 중심이 어긋난 경우
  ㉣ 타이어 편마모가 발생한 경우
  ㉤ 자동차가 한 쪽으로 쏠림현상이 발생한 경우
  ㉥ 자동차에서 롤링(좌우진동)이 발생한 경우
  ㉦ 핸들이나 자동차의 떨림이 발생한 경우

(5) 캠버(Camber)
① 자동차를 앞에서 보았을 때 앞바퀴가 수직선에 대해 어떤 각도를 두고 설치되어 있는 것을 말한다.
② 바퀴의 윗부분이 바깥쪽으로 기울어진 상태를 '정의 캠버', 바퀴의 중심선이 수직일 때를 '0의 캠버', 바퀴의 윗부분이 안쪽으로 기울어진 상태를 '부의 캠버'라 한다.
③ 캠버는 조향축(킹핀) 경사각과 함께 조향핸들의 조작을 가볍게 하고, 수직 방향 하중에 의한 앞 차축의 휨을 방지하며, 하중을 받았을 때 앞바퀴의 아래쪽이 벌어지는 것(부의 캠버)을 방지한다.
④ 캠버가 틀어지는 경우는 전면 추돌사고시나 오래된 자동차로 현가장치의 구조 장치가 마모된 경우

(6) 캐스터(Caster)
① 자동차 앞바퀴를 옆에서 보았을 때 앞 차축을 고정하는 조향축(킹핀)이 수직선과 어떤 각도를 두고 설치되어 있는 것을 말한다.

② 조향축 윗부분이 자동차의 뒤쪽으로 기울어진 상태를 '정의 캐스터', 조향축의 중심선이 수직선과 일치된 상태를 '0의 캐스터', 조향축의 윗부분이 앞쪽으로 기울어진 상태를 '부의 캐스터'라 한다.
③ 주행 중 조향바퀴에 방향성을 부여한다. 조향하였을 때에는 직진 방향으로의 복원력을 준다.

(7) 토인(Toe-in)

① 자동차 앞바퀴를 위에서 내려다보면 양쪽 바퀴의 중심선 사이의 거리가 앞쪽이 뒤쪽보다 약간 작게 되어 있는 것을 말한다.
② 토인은 앞바퀴를 평행하게 회전시키며, 앞바퀴가 옆 방향으로 미끄러지는 것과 타이어 마멸을 방지하고, 조향 링키지의 마멸에 의해 토아웃(Toe-out) 되는 것을 방지한다.
③ 토인이 틀어지는 경우는 조향장치 드래그링크의 휨, 타이로드 앤드의 볼 마모, 추돌사고 등으로 결함이 발생하는 것이며 타이어의 안쪽이나 바깥쪽 편 마모로 나타난다.

04 제동장치

(1) 승용차 브레이크의 종류

```
주차브레이크 ┬ 센터 브레이크(외부 수축식)
              └ 휠 브레이크(내부 확장식)
주 브레이크 ┬ 기계식 브레이크
            │ 유압식 브레이크
            │ 유압 배력식 브레이크 ┬ 직접 조작형(부스터 백)(진공)
            │                      ├ 원격 조작형(하이드로 백)(진공)
            │                      └ 원격 조작형(에어 백)(압축공기)
            │ 유압 배력식 ABS 브레이크
            └ 공기 브레이크
감속 브레이크 ┬ 엔진 브레이크
              ├ 배기 브레이크
              └ 와전류 브레이크
```
비상 브레이크 압축 공기식
브레이크 내부 구조에 다른 분류 : 외부 수추식, 내부 확장식, 디스크식

(2) 유압 배력식 제동장치

유압식 제동장치는 파스칼의 원리를 응용한 것으로 브레이크 페달을 밟으면 유압이 발생하는 마스터 실린더와 그 유압을 받아 브레이크 슈(Shoe)를 드럼에 밀어 붙여 제동력을 발생하게 하는 휠 실린더, 브레이크 파이프 및 호스 등으로 구성되어 있다.

(3) 마스더 실린더(master cyclinder)

마스터실린더는 페달을 밟으면 필요한 유압을 발생하는 부분이며, 자동차 안전기준에 의해 앞 뒤 어느 한쪽의 유압계통에 브레이크액이 새어도 남은 한쪽을 안전하게 작동시킬 수 있도록 되어 있는 탠덤(Tandem) 마스터 실린더가 사용된다.

(4) 휠실린더(wheel cylinder)

드럼식 브레이크인 경우 실린더의 유압을 받아 두 개의 피스톤이 바깥쪽으로 팽창하게 되고, 피스톤의 팽창에 따라 브레이크 슈가 드럼을 제동하게 된다. 휠 실린더는 피스톤, 피스톤 컵 및 푸시로드로 구성되어 있다.

(5) 디스크 브레이크(disk brake)

캘러퍼형 디스크 브레이크(disk brake)인 경우에 유압을 받은 피스톤은 안쪽으로 작동하여 브레이크 패드(Pad)가 회전하는 디스크를 제동하도록 되어 있다.

(6) 드럼식 브레이크 종류 및 구조

휠 실린더의 유압을 받은 브레이크 슈(라이닝)가 바깥쪽으로 벌어져 회전하는 드럼을 제동 하도록 되어 있다.

실전 연습문제

1 다음 중 동력의 종류에 따른 자동차분류에 속하지 않는 것은?

① 가솔린(휘발유) 기관 자동차
② 액화가스 기관 자동차
③ 수소 자동차
④ 이륜 자동차

● Advice 운행 중 전조등 고장 시 응급조치요령
㉠ 가솔린(휘발유) 기관 자동차
㉡ 디젤(경유)기관 자동차
㉢ 액화가스 기관 자동차
㉣ 하이브리드 자동차
㉤ 전기 자동차
㉥ 수소 자동차

2 클러치의 구비조건에 대한 설명으로 옳지 않은 것은?

① 냉각이 잘 되어 과열하지 않아야 한다.
② 구조가 복잡하고 다루는 데 전문성을 요해야 한다.
③ 회전부분의 평형이 좋아야 한다.
④ 회전관성이 적어야 한다.

● Advice ② 클러치는 구조가 간단하고, 다루기 쉬우며 고장이 적어야 한다.

3 다음 중 괄호 안에 들어갈 말로 가장 적절한 것은?

> 기관은 열에너지를 만들고 이를 기계적 에너지로 변화시켜 바퀴까지 전달되어 운동에너지로 자동차가 주행하게 되는데, 엔진은 열기관이고 연소기관이며 열에너지가 동력으로 이용되는 효율은 (   ) 이다.

① 5~20% 가량
② 30~40% 가량
③ 60~70% 가량
④ 80~90% 가량

● Advice 기관은 열에너지를 만들고 이를 기계적 에너지로 변화시켜 바퀴까지 전달되어 운동에너지로 자동차가 주행하게 된다. 엔진은 열기관이고 연소기관이며 열에너지가 동력으로 이용되는 효율은 30~40% 가량이다.

4 클러치가 미끄러질 때의 영향이 아닌 것은?

① 연료소비량이 감소한다.
② 등판능력이 감소한다.
③ 엔진이 과열한다.
④ 증속이 잘 되지 않는다.

● Advice ① 연료소비량이 증가한다.

정답 ▶ 1.④ 2.② 3.② 4.①

5 다음 중 변속기의 구비조건으로 옳지 않은 것은?

① 동력전달 효율이 좋아야 한다.
② 조작이 쉽고, 신속·확실하며 작동 시 소음이 적어야 한다.
③ 비연속적으로 또는 수동적으로 변속이 되어야 한다.
④ 가볍고, 단단하며, 다루기 쉬워야 한다.

● Advice ③ 변속기는 연속적으로 또는 자동적으로 변속이 되어야 한다.

6 다음 중 자동변속기의 장·단점으로 틀린 것은?

① 발진과 가·감속이 원활하여 승차감이 좋다.
② 조작 미숙으로 인한 시동 꺼짐이 많다.
③ 차를 밀거나 끌어서 시동을 걸 수 없다.
④ 구조가 복잡하고 가격이 비싸다.

● Advice 자동변속기의 장단점
  ㉠ 장점
  • 기어변속이 자동으로 이루어져 운전이 편리하다.
  • 발진과 가·감속이 원활하여 승차감이 좋다.
  • 조작 미숙으로 인한 시동 꺼짐이 없다.
  • 유체가 댐퍼 역할을 하기 때문에 충격이나 진동이 적다.
  ㉡ 단점
  • 구조가 복잡하고 가격이 비싸다.
  • 차를 밀거나 끌어서 시동을 걸 수 없다.
  • 연료소비율이 약 10% 정도 많아진다.

7 자동변속기의 오일 색깔에 대한 설명으로 잘못된 것은?

① 자동변속기 오일은 정상일 경우 투명도가 높은 붉은색을 띤다.
② 장시간 사용할 경우 갈색을 띤다.
③ 기어가 마멸된 경우 투명한 푸른색을 띤다.
④ 오일에 수분이 다량으로 유입되면 백색을 띤다.

● Advice ③ 기어가 마멸되거나 자동변속기 내부의 클러치 디스크의 마멸분말에 의한 오손의 경우 자동변속기 오일은 투명도가 없어지고 검은색을 띠게 된다.

8 다음 내용이 설명하고 있는 타이어는?

> 이것은 자동차의 고속화에 따라 고속주행 중에 펑크 사고 위험에서 운전자와 차를 보호하고자 하는 목적으로 개발된 타이어다.

① 바이어스 타이어
② 스노 타이어
③ 튜브리스 타이어
④ 레디얼 타이어

● Advice ③ 튜브리스 타이어는 튜브를 사용하지 않는 대신 타이어 내면에 공기 투과성이 적은 특수고무(이너라이너)를 붙여 타이어와 림(rim)으로부터 공기가 새지 않도록 되어 있고 주행 중에 못에 찔려도 공기가 급격히 빠지지 않는 것이 특징이다.

정답 ▶ 5.③ 6.② 7.③ 8.③

9 아래의 내용을 읽고 괄호 안에 들어갈 말로 가장 적절한 것을 고르면?

> 바이어스 타이어의 카커스는 1 플라이씩 서로 번갈아 가면서 코드의 각도가 다른 방향으로 엇갈려 있어 코드가 교차하는 각도는 지면에 닿는 부분에서 원주방향에 대해 ( )전후로 되어 있다.

① 10도
② 20도
③ 30도
④ 40도

● Advice ④ 바이어스 타이어의 카커스는 1 플라이씩 서로 번갈아 가면서 코드의 각도가 다른 방향으로 엇갈려 있어 코드가 교차하는 각도는 지면에 닿는 부분에서 원주방향에 대해 40도 전후로 되어 있다. 이 타이어는 오랜 연구기간의 연구 성과에 의해 전반적으로 안정된 성능을 발휘하고 있다. 현재는 타이어의 주류에서 서서히 그 자리를 레이디얼 타이어에게 물려주고 있다.

10 다음과 같은 특성을 가진 타이어는?

> • 접지면적이 크다.
> • 트레드가 하중에 의한 변형이 적다.
> • 스탠딩웨이브 현상이 잘 일어나지 않는다.
> • 고속으로 주행할 때에는 안전성이 크나 저속 주행 시 조향 핸들이 다소 무겁다.

① 바이어스 타이어
② 레디얼 타이어
③ 스노타이어
④ 튜브리스 타이어

● Advice 레디얼 타이어(radial tire)의 특성
㉠ 접지면적이 크다.
㉡ 타이어 수명이 길다.
㉢ 트레드가 하중에 의한 변형이 적다.
㉣ 회전할 때에 구심력이 좋다.
㉤ 스탠딩웨이브 현상이 잘 일어나지 않는다.
㉥ 고속으로 주행할 때에는 안전성이 크다.
㉦ 충격을 흡수하는 강도가 적어 승차감이 좋지 않다.
㉧ 저속으로 주행할 때에는 조향 핸들이 다소 무겁다.

11 다음 중 스노타이어에 관한 내용으로 바르지 않은 것은?

① 눈길에서 미끄러짐이 적게 주행할 수 있도록 제작된 타이어로 바퀴가 고정되면 제동거리가 길어진다.
② 트레드 부가 30% 이상 마멸되면 제 기능을 발휘하지 못한다.
③ 스핀을 일으키면 견인력이 감소하므로 출발을 천천히 해야 한다.
④ 구동 바퀴에 걸리는 하중을 크게 해야 한다.

● Advice ② 스노타이어는 트레드 부가 50% 이상 마멸되면 제 기능을 발휘하지 못한다.

12 조향 핸들이 무거운 원인으로 가장 거리가 먼 것은?

① 타이어의 공기압이 불균일하다.
② 조향기어의 톱니바퀴가 마모되었다.
③ 앞바퀴의 정렬 상태가 불량하다.
④ 타이어의 마멸이 과다하다.

● Advice ① 타이어의 공기압이 불균일한 것은 조향 핸들이 한 쪽으로 쏠리는 원인이 될 수 있다.

정답 ▶ 9.④ 10.② 11.② 12.①

13 스탠딩 웨이브 현상과 수막 현상에 대한 설명으로 옳지 않은 것은?

① 스탠딩 웨이브 현상은 자동차가 고속으로 주행하여 타이어의 회전속도가 빨라지면 접지부에서 받은 타이어의 변형이 다음 접지 시점까지도 복원되지 않고 접지의 뒤쪽에서 진동의 물결이 일어나는 현상이다.
② 스탠딩 웨이브 현상은 타이어 공기압이 부족한 상태에서 공기압 저속으로 1시간 이상 주행시 타이어에 열이 축적되며 발생하게 된다.
③ 수막 현상은 자동차가 물이 고인 노면을 고속으로 주행할 때 타이어의 용철용 무늬 사이에 있는 물을 배수하는 기능이 감소되어 물의 저항에 의해 노면으로부터 떠올라 물위를 미끄러지게 되는 현상이다.
④ 수막 현상은 자독차 속도의 두 배 그리고 유체 밀도에 비례한다.

● Advice ② 스탠딩 웨이브 현상은 타이어 공기압이 부족한 상태에서 공기압 고속으로 2시간 이상 주행시 타이어에 열이 축적되며 발생하게 된다.

14 승차감이 우수하여 장거리 주행 자동차 및 대형 버스에 사용되는 스프링은?

① 판 스프링
② 코일 스프링
③ 토션바 스프링
④ 공기 스프링

● Advice 공기 스프링은 공기의 탄성을 이용한 스프링으로 다른 스프링에 비해 유연한 탄성을 얻을 수 있고, 노면으로부터의 작은 진동도 흡수할 수 있다. 또한 승차감이 우수하기 때문에 장거리 주행 자동차 및 대형버스에 사용된다.

15 다음 중 판 스프링에 대한 설명은?

① 적당히 구부린 띠 모양의 스프링 강을 몇 장 겹쳐 그 중심에서 볼트로 조인 것을 말한다.
② 스프링 강을 코일 모양으로 감아서 제작한 것으로 외부의 힘을 받으면 비틀려진다.
③ 비틀었을 때 탄성에 의해 원위치하려는 성질을 이용한 스프링 강의 막대이다.
④ 공기의 탄성을 이용한 스프링으로 다른 스프링에 비해 유연한 탄성을 얻을 수 있고, 노면으로부터의 작은 진동도 흡수할 수 있다.

● Advice ② 코일 스프링
③ 토션바 스프링
④ 공기 스프링

16 다음 중 코일 스프링에 대한 설명으로 틀린 것은?

① 판간 마찰작용이 없기 때문에 진동에 대한 감쇠작용을 못 한다.
② 옆 방향 작용력에 대한 저항력이 없다.
③ 차축을 지지할 때 링크기구나 쇽업소버가 필요하지 않을 정도로 구조가 단순하다.
④ 단위중량당 에너지 흡수율이 판 스프링보다 크고 유연하기 때문에 승용차에 많이 사용된다.

● Advice ③ 코일 스프링은 차축을 지지할 때 링크기구나 쇽업소버를 필요로 하고 구조가 복잡하다.

정답 ▶ 13.② 14.④ 15.① 16.③

03. 자동차 구조 및 특성

17 쇽업소버에 대한 설명으로 옳지 않은 것은?

① 쇽업소버는 움직임을 멈추려고 하지 않는 스프링에 대하여 역 방향으로 힘을 발생시켜 진동의 흡수를 앞당긴다.
② 스프링이 수축하려고 하면 쇽업소버는 수축하지 않도록 하는 힘을 발생시킨다.
③ 스프링의 열에너지를 상·하 운동에너지로 변환시켜 준다.
④ 쇽업소버는 노면에서 발생하는 진동에 대해 일정 상태까지 그 진동을 정지시키는 힘인 감쇠력이 좋아야 한다.

● Advice ③ 스프링이 수축하려고 하면 쇽업소버는 수축하지 않도록 하는 힘을 발생시키고, 반대로 스프링이 늘어나려고 하면 늘어나지 않도록 하는 힘을 발생시키는 작용을 하므로 스프링의 상·하 운동에너지를 열에너지로 변환시켜 준다.

18 좌·우 바퀴가 동시에 상·하 운동을 할 때에는 작용을 하지 않으나 좌·우 바퀴가 서로 다르게 상·하 운동을 할 때 작용하여 차체의 기울기를 감소시켜 주는 장치는?

① 클러치
② 변속기
③ 쇽업소버
④ 스태빌라이저

● Advice 스태빌라이저는 좌·우 바퀴가 동시에 상·하 운동을 할 때에는 작용을 하지 않으나 좌·우 바퀴가 서로 다르게 상·하 운동을 할 때 작용하여 차체의 기울기를 감소시켜 주는 장치이다.

19 자동차의 진행 방향을 운전자가 의도하는 바에 따라서 임의로 조작할 수 있는 장치를 통틀어 일컫는 용어는?

① 동력전달장치   ② 완충장치
③ 조향장치   ④ 제동장치

● Advice ③ 조향장치는 자동차의 진행 방향을 운전자가 의도하는 바에 따라서 임의로 조작할 수 있는 장치이며 조향 핸들을 조작하면 조향 기어에 그 회전력이 전달되며 조향 기어에 의해 감속하여 앞바퀴의 방향을 바꿀 수 있도록 되어 있다.

20 동력조향장치의 장점이 아닌 것은?

① 조향 조작력이 작아도 된다.
② 노면에서 발생한 충격 및 진동을 흡수한다.
③ 기계식에 비해 구조가 단순하고 값이 싸다.
④ 앞바퀴가 펑크 났을 때 조향핸들이 갑자기 꺾이지 않아 위험도가 낮다

● Advice ③ 동력조향장치는 기계식에 비해 구조가 복잡하고 값이 비싸다.

21 자동차를 앞에서 보았을 때 앞바퀴가 수직선에 대해 어떤 각도를 두고 설치되어 있는 것을 무엇이라 하는가?

① 캠버   ② 캐스터
③ 토인   ④ 조향축 경사각

● Advice 캠버(camber)
㉠ 자동차를 앞에서 보았을 때 앞바퀴가 수직선에 대해 어떤 각도를 두고 설치되어 있는 것을 말한다.
㉡ 바퀴의 윗부분이 바깥쪽으로 기울어진 상태를 '정의 캠버', 바퀴의 중심선이 수직일 때를 '0의 캠버', 바퀴의 윗부분이 안쪽으로 기울어진 상태를 '부의 캠버'라 한다.

정답 ▶ 17.③ 18.④ 19.③ 20.③ 21.①

22 자동차가 고속으로 주행하여 타이어의 회전속도가 빨라지면 접지부에서 받은 타이어의 변형이 다음 접지 시점까지도 복원되지 않고 접지의 뒤쪽에 진동의 물결이 일어나게 되는데 이러한 파도치는 현상을 스탠딩 웨이브라고 하며, 스탠딩 웨이브 현상의 타이어 공기압이 부족한데서 원인하며 공기압 고속으로 몇 시간 이상 주행 시 타이어에 열이 축적되며 발생하게 되는가?

① 15분
② 30분
③ 1시간
④ 2시간

● Advice 자동차가 고속으로 주행하여 타이어의 회전속도가 빨라지면 접지부에서 받은 타이어의 변형(주름)이 다음 접지 시점까지도 복원되지 않고 접지의 뒤쪽에 진동의 물결이 일어난다. 이러한 파도치는 현상을 스탠딩 웨이브라고 하며, 스탠딩 웨이브 현상의 타이어 공기압이 부족한데서 원인하며 공기압 고속으로 2시간 이상 주행시 타이어에 열이 축적되며 발생하게 된다.

23 자동차 앞바퀴를 위에서 내려다보면 양쪽 바퀴의 중심선 사이의 거리가 앞쪽이 뒤쪽보다 약간 작게 되어 있는 것을 무엇이라 하는가?

① 캠버
② 캐스터
③ 토인
④ 조향축 경사각

● Advice 토인(toe-in)
㉠ 자동차 앞바퀴를 위에서 내려다보면 양쪽 바퀴의 중심선 사이의 거리가 앞쪽이 뒤쪽보다 약간 작게 되어 있는 것을 말한다.
㉡ 토인은 앞바퀴를 평행하게 회전시키며, 앞바퀴가 옆 방향으로 미끄러지는 것과 타이어 마멸을 방지하고 조향 링키지의 마멸에 의해 토아웃(toe-out) 되는 것을 방지한다.

24 주차상태를 유지하기 위해 사용하는 자동차구조 장치 중 마찰력을 이용하여 자동차의 운동에너지를 열에너지로 바꾸는 장치를 무엇이라 하는가?

① 동력전달장치
② 완충장치
③ 조향장치
④ 제동장치

● Advice 제동장치(Brake System)는 주행 자동차를 감속 또는 정지시킴과 동시에 주차상태를 유지하기 위해 사용하는 자동차구조 장치로 마찰력을 이용하여 자동차의 운동에너지를 열에너지로 바꾸어 장치를 말한다.

25 다음 중 ABS의 특징으로 옳지 않은 것은?

① 바퀴의 미끄러짐이 없는 제동 효과를 얻을 수 있다.
② 자동차의 방향 안정성, 조종성능을 확보해 준다.
③ 앞바퀴의 고착에 의한 조향 능력 상실을 방지한다.
④ 노면이 비에 젖으면 제동효과는 감소한다.

● Advice ④ 노면이 비에 젖더라도 우수한 제동효과를 얻을 수 있다.

정답 22.④ 23.③ 24.④ 25.④

04 자동차 검사 및 보험

01 자동차 검사

(1) 자동차 검사의 필요성
① 자동차 결함으로 인한 교통사고 예방으로 국민의 생명보호
② 자동차 배출가스로 인한 대기환경 개선
③ 불법튜닝 등 안전기준 위반 차량 색출로 운행질서 및 거래질서 확립
④ 자동차보험 미가입 자동차의 교통사고로부터 국민피해 예방

(2) 자동차 종합검사
자동차 정기검사와 배출가스 정밀검사 또는 특정 경유 자동차 배출가스 검사의 검사 항목을 하나의 검사로 통합하고 검사 시기를 자동차 정기검사 시기로 통합하여 한 번의 검사로 모든 검사가 완료되도록 함으로써 자동차 검사로 인한 국민의 불편을 최소화하고 편익을 도모하기 위해 시행하는 제도를 말한다.

02 자동차 보험 및 공제

(1) 대인배상 1(책임보험)
자동차를 소유한 사람은 의무적으로 가입해야 하는 보험으로 자동차의 운행으로 인하여 남을 사망케 하거나 다치게 하여 자동차손해배상 보장법에 의한 손해배상 책임을 짐으로서 입은 손해를 보상하는 것을 말한다.

(2) 대물 보상
피보험자가 자동차 소유, 사용, 관리하는 동안 사고로 인하여 다른 사람의 자동차나 재물에 손해를 끼침으로서 손해배상 책임을 지는 경우 보험가인 금액을 한도로 보상하는 담보를 말한다.

실전 연습문제

1 자동차 검사의 필요성으로 잘못된 것은?

① 자동차 결함으로 인한 교통사고 예방으로 국민의 생명보호
② 운전자보험 미가입 자동차의 교통사고로부터 국민피해 예방
③ 자동차 배출가스로 인한 대기환경 개선
④ 불법튜닝 등 안전기준 위반 차량 색출로 운행질서 및 거래질서 확립

● Advice ② 자동차보험 미가입 자동차의 교통사고로부터 국민피해 예방

2 자동차 종합검사 유효기간 계산 방법이 잘못된 것은?

① 자동차 종합검사기간 전 또는 후에 자동차 종합검사를 신청하여 적합 판정을 받은 경우 : 자동차 종합검사를 받은 날부터 계산
② 자동차관리법에 따라 신규등록을 하는 경우 : 신규등록일부터 계산
③ 자동차 종합검사기간 내에 종합검사를 신청하여 적합 판정을 받은 경우 : 직전 검사 유효기간 마지막 날의 다음 날부터 계산
④ 재검사결과 적합 판정을 받은 경우 : 자동차 종합검사를 받은 것으로 보는 날의 다음 날부터 계산

● Advice ① 자동차 종합검사기간 전 또는 후에 자동차 종합검사를 신청하여 적합 판정을 받은 경우 : 자동차 종합검사를 받은 날의 다음 날부터 계산

3 다음 빈칸에 들어갈 내용으로 알맞은 것은?

> 자동차 종합검사 유효기간의 마지막 날(검사 유효기간을 연장하거나 검사를 유예한 경우에는 그 연장 또는 유예된 기간의 마지막 날) 전후 각각 ( ) 이내에 받아야 한다.

① 7일
② 15일
③ 28일
④ 31일

● Advice 자동차 종합검사 유효기간의 마지막 날(검사 유효기간을 연장하거나 검사를 유예한 경우에는 그 연장 또는 유예된 기간의 마지막 날) 전후 각각 31일 이내에 받아야 한다.

4 수출을 위해 말소한 자동차나 자동차의 차대번호가 등록원부상의 차대번호와 달라 직권 말소된 자동차가 받아야 하는 검사는?

① 신규검사
② 튜닝검사
③ 임시검사
④ 정기검사

● Advice 수출을 위해 말소한 자동차나 자동차의 차대번호가 등록원부상의 차대번호와 달라 직권 말소된 자동차의 경우 신규검사를 받아야 한다.

정답 1.② 2.① 3.④ 4.①

5 차령이 2년 초과인 사업용 대형화물자동차 검사 유효기간은?

① 3개월
② 6개월
③ 1년
④ 2년

> **Advice** 종합검사의 대상과 유효기간〈자동차종합검사의 시행 등에 관한 규칙 별표〉
>
> | 검사 대상 | | 적용 차령 | 검사 유효 기간 |
> |---|---|---|---|
> | 승용 자동차 | 비사업용 | 차령이 4년 초과인 자동차 | 2년 |
> | | 사업용 | 차령이 2년 초과인 자동차 | 1년 |
> | 경형·소형의 승합 및 화물자동차 | 비사업용 | 차령이 3년 초과인 자동차 | 1년 |
> | | 사업용 | 차령이 2년 초과인 자동차 | 1년 |
> | 사업용 대형화물자동차 | | 차령이 2년 초과인 자동차 | 6개월 |

6 다음 빈칸에 들어갈 내용으로 알맞은 것은?

> 자동차 종합검사 기간 내에 종합검사를 신청한 경우에는 부적합 판정을 받은 날부터 자동차 종합검사 기간 만료 후 ( ) 이내 재검사를 받아야 한다.

① 7일
② 10일
③ 20일
④ 30일

> **Advice** 자동차 종합검사 기간 내에 종합검사를 신청한 경우에는 부적합 판정을 받은 날부터 자동차 종합검사 기간 만료 후 10일 이내 재검사를 받아야 한다.

7 자동차 종합검사 유효기간의 연장 또는 검사의 유예를 받으려는 자가 자동차의 도난, 사고, 압류, 등록번호판 영치 등 부득이한 사유가 있는 경우 연장 또는 유예 사유를 증명하는 서류로 옳지 않은 것은?

① 경찰관서에서 발급하는 도난신고확인서
② 시장·군수·구청장, 경찰서장, 소방서장, 보험사 등이 발행한 사고사실증명서류
③ 정비업체에서 결제한 영수증
④ 행정처분서

> **Advice** 검사 유효기간의 연장 등〈자동차종합검사의 시행 등에 관한 규칙 제10조 제2항 제2호〉… 검사 유효기간의 연장 또는 검사의 유예를 받으려는 자는 종합검사 유효기간 연장 등 신청서에 다음의 서류를 첨부하여 관할 시·도지사에게 제출(정보통신망을 이용한 제출을 포함한다)하여야 한다.
> ※ 자동차의 도난, 사고, 압류, 등록번호판 영치 등 부득이한 사유가 있는 경우 연장 또는 유예 사유를 증명하는 다음 각 목의 서류 중 해당 서류
> • 경찰관서에서 발급하는 도난신고확인서
> • 시장·군수·구청장, 경찰서장, 소방서장, 보험사 등이 발행한 사고사실증명서류
> • 정비업체에서 발행한 정비예정증명서
> • 행정처분서
> • 시장·군수·구청장(읍·면·동·이장을 포함한다)이 확인한 섬 지역 장기체류 확인서
> • 병원입원 또는 해외출장 등 그 밖의 부득이한 사유가 있는 경우에는 그 사유를 객관적으로 증명할 수 있는 서류

정답 ▶ 5.② 6.② 7.③

8 다음 빈칸에 들어갈 내용으로 알맞은 것은?

> 튜닝검사는 튜닝의 승인을 받은 날부터 ( ) 이내에 한국교통안전공단 자동차검사소에서 안전기준 적합 여부 및 승인받은 내용대로 변경하였는가에 대하여 검사를 받아야 하는 일련의 행정절차이다.

① 30일
② 35일
③ 40일
④ 45일

● Advice 튜닝검사는 튜닝의 승인을 받은 날부터 45일 이내에 한국교통안전공단 자동차검사소에서 안전기준 적합 여부 및 승인받은 내용대로 변경하였는가에 대하여 검사를 받아야 하는 일련의 행정절차이다.

9 다음 튜닝승인신청 구비 서류에 해당하지 않는 것은?

① 튜닝하려는 구조·장치의 설계도
② 튜닝 승인 신청서
③ 튜닝 전·후의 주요제원대비표
④ 튜닝 전 자동차의 내부 설계도

● Advice 튜닝승인신청 구비 서류〈자동차관리법 시행규칙 제56조〉
㉠ 튜닝 승인 신청서
㉡ 튜닝 전·후의 주요제원대비표
㉢ 튜닝 전·후의 자동차의 외관도
㉣ 튜닝하려는 구조·장치의 설계도

10 대인배상 1(책임보험)의 의무가입 대상이 아닌 것은 무엇인가?

① 자동차관리법에 의하여 등록된 모든 자동차
② 이륜자동차
③ 외발자전거
④ 콘크리트 믹서트럭

● Advice 대인배상 1(책임보험) 의무가입 대상
㉠ 자동차관리법에 의하여 등록된 모든 자동차
㉡ 이륜자동차
㉢ 9종 건설기계: 12톤 이상 덤프트럭, 콘크리트 믹서트럭, 타이어식 기중기, 트럭 적재식 콘크리트 펌프, 타이어식 굴삭기, 아스콘 살포기, 트럭 지게차, 도로보수트럭, 노면측정 장비

11 다음 빈칸에 들어갈 내용을 순서대로 나열한 것은?

> 대인배상 1(책임보험)의 사망 책임보험금은 1인당 최저 ( )원이며 최고 ( )원 내에서 약관 지급기준에 의해 산출한 금액을 보상해준다.

① 1천만, 1.5억
② 1천만, 1억
③ 2천만, 1.5억
④ 2천만, 1억

● Advice 대인배상 1(책임보험)의 사망 책임보험금은 1인당 최저 2천만 원이며 최고 1.5억 원 내에서 약관 지급기준에 의해 산출한 금액을 보상해준다.

정답 ▶ 8.④ 9.④ 10.③ 11.③

12 다음 빈칸에 들어갈 내용을 순서대로 나열한 것은?

> 급여소득자의 월평균 현실소득액은 사고발생 직전 또는 사망직전 과거 (　)로 하되 계절적 요인 등에 따라 급여의 차등이 있는 경우와 상여금, 체력단련비, 연월차 휴가보상금 등 매월 수령하는 금액이 아닌 것은 과거 (　)간으로 계산

① 3개월, 1년
② 6개월, 6개월
③ 3개월, 6개월
④ 6개월, 1년

● Advice 급여소득자의 월평균 현실소득액은 사고발생 직전 또는 사망직전 과거 <u>3개월</u>로 하되 계절적 요인 등에 따라 급여의 차등이 있는 경우와 상여금, 체력단련비, 연월차 휴가보상금 등 매월 수령하는 금액이 아닌 것은 과거 1년간으로 계산

13 대물보상은 의무적으로 가입해야 하는 최소비용은 얼마인가?

① 1천만원
② 2천만원
③ 3천만원
④ 4천만원

● Advice 대물보상은 2천만원까지는 의무적으로 가입하여야 하며 한 사고 당 보상한도액은 2천만원, 3천만 원, 5천만원, 1억원, 5억원, 10억원, 무한 중 한 가지를 선택해야 한다.

14 자기차량(자차) 손해보험에서 자기부담금의 한도는 얼마인가?

① 30만원
② 40만원
③ 50만원
④ 60만원

● Advice 자기차량(자차) 손해보험에서 자기부담금은 자기차량 손해액의 20%를 적용하되 50만원 한도로 한다.

정답 ▶ 12.① 13.② 14.③

05 안전운전의 기술

01 인지판단의 기술

(1) 예측

운전 중의 판단의 기본 요소는 시인성, 시간, 거리, 안전공간 및 잠재적 위험원 등에 대한 평가이다. 평가의 내용은 다음과 같다.

① 주행로 : 다른 차의 진행 방향과 거리
② 행동 : 다른 차의 운전자가 할 것으로 예상되는 행동
③ 타이밍 : 다른 차의 운전자가 행동하게 될 시점
④ 위험원 : 특정 차량, 자전거 이용자 또는 보행자의 잠재적 위험
⑤ 교차지점 : 교차하는 문제가 발생하는 정확한 지점

(2) 예측회피 운전의 기본적 방법

① 속도 가속, 감속
② 위치바꾸기(진로 변경)
③ 다른 운전자에게 신호하기

02 안전운전의 5가지 기본기술

(1) 전방 가까운 곳을 보고 운전할 때의 징후들

① 교통의 흐름에 맞지 않을 정도로 너무 빠르게 차를 운전한다.
② 차로의 한편으로 치우쳐서 주행한다.
③ 우회전, 좌회전 차량 등에 대한 인지가 늦어서 급브레이크를 밟는다던가, 회전차량에 진로를 막혀버린다.
④ 우회전할 때 넓게 회전한다.
⑤ 시인성이 낮은 상황에서 속도를 줄이지 않는다

(2) 시야 고정이 많은 운전자의 특성

① 위험에 대응하기 위해 경적이나 전조등을 좀처럼 사용하지 않는다.
② 더러운 창이나 안개에 개의치 않는다.
③ 거울이 더럽거나 방향이 맞지 않는데도 개의치 않는다.
④ 정지선 등에서 정지 후, 다시 출발할 때 좌우를 확인하지 않는다.
⑤ 회전하기 전에 뒤를 확인하지 않는다.
⑥ 자기 차를 앞지르려는 차량의 접근 사실을 미리 확인하지 못한다.

03 방어운전의 기본기술

(1) 대향차량과의 사고를 회피하는 법

① 전방의 도로 상황을 파악한다.
② 정면으로 마주칠 때 핸들조작은 오른쪽으로 한다.
③ 속도를 줄인다.
④ 오른쪽으로 방향을 조금 틀어 공간을 확보한다.

(2) 방어운전

방어운전은 미국의 전미안전협회(NSC) 운전자 개선 프로그램에서 비롯한 것으로 타인의 부정확한 행동과 악천후 등에 관계없이 사고를 미연에 방지하는 운전을 의미한다.

04 시가지도로에서 안전운전

(1) 교차로에서의 방어운전

① 신호는 운전자의 눈으로 직접 확인한 후 선신호에 따라 진행하는 차가 없는지 확인하고 출발한다.
② 신호에 따라 진행하는 경우에도 신호를 무시하고 갑자기 달려드는 차 또는 보행자가 있다는 사실에 주의한다.
③ 좌, 우회전할 때에는 방향지시등을 정확히 점등한다.
④ 성급한 우회전은 횡단하는 보행자와 충돌할 위험이 증가한다.
⑤ 통과하는 앞차를 맹목적으로 따라가면 신호를 위반할 가능성이 높다.
⑥ 교통정리가 행하여지고 있지 아니하고 좌·우를 확인할 수 없거나 교통이 빈번한 교차로에 진입할 때에는 일시정지하여 안전을 확인한 후 출발한다.
⑦ 내륜차에 의한 사고에 주의한다.

(2) 시가지 이면도로에서의 방어운전

① 주변에 주택 등이 밀집되어 있는 주택가나 동네길, 학교 앞 도로로 보행자의 횡단이나 통행이 많다.
② 길가에서 뛰노는 어린이들이 많아 어린이들과의 접촉사고가 발생할 가능성이 높다.

05 지방도로에서 안전운전

(1) 철길 건널목 방어운전

① 철길건널목에 접근할 때에는 속도를 줄여 접근한다.
② 일시정지 후에는 철도 좌·우의 안전을 확인한다.
③ 건널목을 통과할 때에는 기어를 변속하지 않는다.
④ 건널목 건너편 여유 공간을 확인한 후에 통과한다.

(2) 내리막길에서의 방어운전

① 내리막길을 내려갈 때에는 엔진 브레이크로 속도를 조절하는 것이 바람직하다.
② 엔진 브레이크를 사용하면 브레이크 의존 운전에서 벗어나 브레이크 과열을 예방한다. 페이드 현상 및 베이퍼 록 현상을 예방하여 운행 안전도를 높일 수 있다.

06 고속도로에서 안전운전

(1) 고속도로 진입부에서의 안전운전

① 본선 진입의도를 다른 차량에게 방향지시등으로 알린다.
② 본선 진입 전 충분히 가속하여 본선 차량의 교통흐름을 방해하지 않도록 한다.
③ 진입을 위한 가속차로 끝부분에서 감속하지 않도록 주의한다.
④ 고속도로 본선을 저속으로 진입하거나 진입 시기를 잘못 맞추면 추돌사고 등 교통사고가 발생할 수 있다.

(2) 고속도로 진출부에서의 안전운전

① 본선 진출의도를 다른 차량에게 방향지시등으로 알린다.
② 진출부 진입 전에 본선 차량에게 영향을 주지 않도록 주의한다.
③ 본선 차로에서 천천히 진출부로 진입하여 출구로 이동한다.

07 야간·악천 후 시의 안전운전

(1) 안개길 운전의 위험성
① 안개로 인해 운전시야 확보가 곤란하다.
② 주변의 교통안전표지 등 교통정보 수집이 곤란하다.
③ 다른 차량 및 보행자의 위치 파악이 곤란하다

(2) 야간운전의 위험성
야간에는 시야가 전조등의 불빛으로 식별할 수 있는 범위로 제한됨에 따라 노면과 앞차의 후미 등 전방만을 보게 되므로 가시거리가 100m 이내인 경우에는 최고속도를 50% 정도 감속하여 운행한다.

08 경제운전

(1) 경제운전의 기본적인 방법
① 가·감속을 부드럽게 한다.
② 불필요한 공회전을 피한다.
③ 급회전을 피한다. 차가 전방으로 나가려는 운동에너지를 최대한 활용해서 부드럽게 회전한다.
④ 일정한 차량속도를 유지한다.

(2) 경제운전의 효과
① 연비의 고효율
② 차량 구조장치 내구성 증가
③ 고장수리 작업 및 유지관리 작업 등의 시간 손실 감소효과
④ 공해배출 등 환경문제의 감소효과
⑤ 방어운전 효과
⑥ 운전자 및 승객의 스트레스 감소 효과

09 기본운행수칙

(1) 진로변경 위반에 해당하는 경우
① 두 개의 차로에 걸쳐 운행하는 경우
② 한 차로로 운행하지 않고 두 개 이상의 차로를 지그재그로 운행하는 행위
③ 갑자기 차로를 바꾸어 옆 차로로 끼어드는 행위
④ 여러 차로를 연속적으로 가로지르는 행위
⑤ 진로변경이 금지된 곳에서 진로를 변경하는 행위

(2) 차량에 대한 점검이 필요할 때
① 운행시작 전 또는 종료 후에는 차량상태를 철저히 점검한다.
② 운행 중간 휴식시간에는 차량의 외관 및 적재함에 실려 있는 화물의 보관 상태를 확인한다.
③ 운행 중에 차량의 이상이 발견될 경우에는 즉시 관리자에게 연락하여 조치를 받는다.

10 계절별 안전운전

① 봄철에는 보행자의 통행 및 교통량이 증가하고 특히 입학시즌을 맞이하여 어린이 관련 교통사고가 많이 발생한다. 춘곤증에 의한 졸음운전도 주의해야 한다.
② 여름철에 발생되는 교통사고는 무더위, 장마, 폭우 등의 열악한 교통 환경을 운전자들이 극복하지 못하여 발생되는 경우가 많다.

실전 연습문제

1 안전운전을 하는 데 필수적인 과정에 대한 설명으로 잘못된 것은?

① 확인이란 주변의 모든 것을 빠르게 보고 한눈에 파악하는 것을 말한다.
② 예측한다는 것은 운전 중에 확인한 정보를 모으고, 사고가 발생할 수 있는 지점을 판단하는 것이다.
③ 운전 중 수집된 정보에 대한 판단 과정에서는 운전자의 경험이 판단 요인으로 작용하며 성격, 태도, 동기 등은 제외된다.
④ 결정된 행동을 실행에 옮기는 단계에서 중요한 것은 요구되는 시간 안에 필요한 조작을 가능한 부드럽고 신속하게 해내는 것이다.

● Advice ③ 운전 중 수집된 정보에 대한 판단 과정에서는 운전자의 경험뿐 아니라 성격, 태도, 동기 등 다양한 요인이 작용한다.

2 다음에서 운전 중의 판단의 기본 요소에 해당하지 않는 것은?

① 시인성
② 금전
③ 시간
④ 거리

● Advice 운전 중의 판단의 기본 요소
㉠ 시인성
㉡ 시간
㉢ 거리
㉣ 안전공간 및 잠재적 위험원 등에 대한 평가

3 선택적 주시과정에서 어느 한 물체에 시선을 뺏겨 오래 머무는 현상인 주의의 고착으로 인한 사고로 보기 가장 어려운 것은?

① 좌회전 중 진입방향의 우회전 접근 차량에 시선이 뺏겨, 같이 회전하는 차량에 대해 주의하지 못했다.
② 목적지를 찾느라 전방을 주시하지 못해 보행자와 충돌하였다.
③ 교차로 진행신호를 확인하지 않고, 대형차량 뒤를 따라 진행하다 충돌사고가 발생하였다.
④ 승객과 대화를 하다가 앞차의 급정지를 늦게 발견하고 제동을 하였으나 추돌하였다.

● Advice ④의 상황은 운전과 무관한 물체에 대한 정보를 선택적으로 받아들이는 경우인 주의의 분산으로 인해 발생한 사고이다.

4 운전행동 유형에 대한 비교로 잘못된 것은?

행동특성	예측 회피 운전행동	지연 회피 운전행동
① 적응유형	사전 적응적	사후 적응적
② 성격유형	내향적	외향적
③ 사고 관여율	낮은 사고 관여율	높은 사고 관여율
④ 행동통제	조급함	조급하지 않음

● Advice ④ 행동통제 : 예측 회피 운전행동 – 조급하지 않음, 지연 회피 운전행동 – 조급함

정답 1.③ 2.② 3.④ 4.④

5 해롤드 스미스가 제안한 안전운전의 5가지 기본 기술로 잘못된 것은?

① 운전 중에 전방을 멀리 본다.
② 부분적으로 살펴본다.
③ 눈을 계속해서 움직인다.
④ 차가 빠져나갈 공간을 확보한다.

● Advice 안전운전의 5가지 기본 기술
㉠ 운전 중에 전방을 멀리 본다.
㉡ 전체적으로 살펴본다.
㉢ 눈을 계속해서 움직인다.
㉣ 다른 사람들이 자신을 볼 수 있게 한다.
㉤ 차가 빠져나갈 공간을 확보한다.

6 다음 중 전방 가까운 곳을 보고 운전할 때의 징후로 보기 가장 어려운 것은?

① 교통의 흐름에 맞지 않을 정도로 너무 빠르게 차를 운전한다.
② 시인성이 낮은 상황에서 속도를 줄이지 않는다.
③ 차로의 한 편으로 치우쳐서 주행하지 않는다.
④ 우회전할 때 도로를 필요이상의 거리를 넓게 두고 회전한다.

● Advice ③ 차로의 한 편으로 치우쳐서 주행한다.

7 시야 확보가 적은 징후로 볼 수 없는 것은?

① 급정거
② 앞차에서 멀리 떨어져 가는 경우
③ 좌·우회전 등의 차량에 진로를 방해받음
④ 급차로 변경 등이 많은 경우

● Advice ② 앞차에 바짝 붙어 가는 경우

8 시야 고정이 많은 운전자의 특성으로 볼 수 없는 것은?

① 위험에 대응하기 위해 경적이나 전조등을 좀처럼 사용하지 않는다.
② 더러운 창이나 안개에 개의치 않는다.
③ 정지선 등에서 정지 후, 다시 출발할 때 좌우를 확인하지 않는다.
④ 회전하기 전에 앞을 확인하지 않는다.

● Advice ④ 회전하기 전에 뒤를 확인하지 않는다.

9 타인의 부정확한 행동과 악천후 등에 관계없이 사고를 미연에 방지하는 운전은?

① 방어운전
② 안전운전
③ 방지운전
④ 공격운전

● Advice 방어운전이란 용어는 미국의 전미안전협회(NSC) 운전자 개선 프로그램에서 비롯한 것으로 타인의 부정확한 행동과 악천후 등에 관계없이 사고를 미연에 방지하는 운전을 의미한다.

정답 5.② 6.③ 7.② 8.④ 9.①

10 대형차량과의 사고를 회피하는 법으로 옳지 않은 것은?

① 내 차로로 들어오거나 앞지르려고 하는 차나 보행자에 대해 주의한다.
② 정면으로 마주칠 때 핸들조작의 기본적 동작은 왼쪽으로 한다.
③ 필요하다면 차도를 벗어나 길 가장자리 쪽으로 주행한다.
④ 속도를 줄인다.

> **Advice** ② 정면으로 마주칠 때 핸들조작의 기본적 동작은 오른쪽으로 한다.

11 후미 추돌사고를 피하는 데 참고할 수 있는 내용으로 틀린 것은?

① 앞차에 대한 주의를 늦추지 않는다.
② 상황을 멀리까지 살펴본다.
③ 충분한 거리를 유지한다.
④ 상대보다 더 천천히 속도를 줄인다.

> **Advice** ④ 상대보다 더 빠르게 속도를 줄인다. 위험상황이 전개될 경우 바로 엑셀에서 발을 떼서 브레이크를 밟는다.

12 자신이 도로의 장애물 등을 확인하는 능력과 다른 운전자나 보행자가 자신을 볼 수 있게 하는 능력은?

① 시인성
② 가시성
③ 인식성
④ 가독성

> **Advice** 시인성은 자신이 도로의 장애물 등을 확인하는 능력과 다른 운전자나 보행자가 자신을 볼 수 있게 하는 능력이다.

13 시간을 효율적으로 다루기 위한 기본 원칙으로 옳지 않은 것은?

① 안전한 주행경로 선택을 위해 주행 중 10초 정도의 후방을 탐색한다.
② 위험 수준을 높일 수 있는 장애물이나 조건을 12~15초 전방까지 확인한다.
③ 자신의 차와 앞차 간에 최소한 2~3초의 추종거리를 유지한다.
④ 운전자가 앞차가 갑자기 멈춰서는 것 등을 발견하고 회피 시도를 할 수 있기 위해서는 적어도 2~3초 정도의 거리가 필요하다.

> **Advice** 안전한 주행경로 선택을 위해 주행 중 20~30초 전방을 탐색한다. (20~30초 전방은 도시에서는 40~50km의 속도로 400m 정도의 거리이고, 고속도로 등에서는 80~100km의 속도로 800m 정도의 거리이다.)

14 앞지르기 순서와 방법의 주의사항에 대하여 옳지 않은 것은?

① 앞지르기 금지장소 여부를 확인한다.
② 전방의 안전을 확인하는 동시에 후사경으로 좌측 및 좌후방을 확인한다.
③ 우측 방향지시등을 켠다.
④ 최고속도의 제한범위 내에서 가속하여 진로를 서서히 좌측으로 변경한다.

> **Advice** ③ 좌측 방향지시등을 켠다.

정답 10.② 11.④ 12.① 13.① 14.③

15 시가지 도로에서의 안전운전을 위한 시인성 다루기에 대한 설명이다. 옳지 않은 것은?

① 1~2블록 전방의 상황과 길의 양쪽 부분을 모두 탐색한다.
② 시가지의 특성상 어두울 때라도 전조등을 켜지 않는다.
③ 예정보다 빨리 회전하거나 한쪽으로 붙을 때는 자신의 의도를 신호로 알린다.
④ 빌딩이나 주차장 등의 입구나 출구에 대해서도 주의한다.

● Advice ② 시가지 도로에서의 안전운전을 위해서는 조금이라도 어두울 때는 하향(변환빔) 전조등을 켜도록 한다.

16 다음은 무엇에 대한 설명인가?

> 신호기가 설치되어 있는 교차로에서 운전자가 황색신호를 인식하였으나 정지선 앞에 정지할 수 없어 계속 진행하여 황색신호가 끝날 때까지 교차로를 빠져나오지 못한 경우에 황색 신호의 시작 지점에서부터 끝난 지점까지 차량이 존재하고 있는 구간

① 딜레마 구간
② 딜레이 구간
③ 스테이 구간
④ 디렉션 구간

● Advice 딜레마 구간 … 신호기가 설치되어 있는 교차로에서 운전자가 황색신호를 인식하였으나 정지선 앞에 정지할 수 없어 계속 진행하여 황색신호가 끝날 때까지 교차로를 빠져나오지 못한 경우에 황색 신호의 시작 지점에서부터 끝난 지점까지 차량이 존재하고 있는 구간

17 지방도로에서의 안전운전을 위한 시간 다루기에 대한 설명이다. 옳지 않은 것은?

① 천천히 속도를 조절하며 움직이는 차를 주시한다.
② 낯선 도로를 운전할 때는 여유시간을 허용한다.
③ 지저분하거나 도로노면의 표시가 잘 보이지 않는 도로를 주행할 때는 속도를 늘려 빠르게 빠져나온다.
④ 도로 상에 또는 도로 근처에 있는 동물에 접근하거나 이를 통과할 때, 동물이 주행로를 가로질러 건너갈 때는 속도를 줄인다.

● Advice ③ 자갈길, 지저분하거나 도로노면의 표시가 잘 보이지 않는 도로를 주행할 때는 속도를 줄인다.

18 커브길 방어운전의 개념 중 하나로 차로 바깥쪽에서 진입하여 안쪽, 바깥쪽 순으로 통과하라는 뜻을 지닌 주행방법을 무엇이라 하는가?

① 슬로우-인(Slow-In)
② 아웃-인-아웃(Out-In-Out)
③ 패스트-아웃(Fast-Out)
④ 슬로우-아웃(Slow-Out)

● Advice 커브길에서의 개념과 주행 방법
  ㉠ 슬로우-인, 패스트-아웃(Slow-In, Fast-Out) : 커브길에 진입할 때에는 속도를 줄이고, 진출할 때에는 속도를 높이라는 뜻
  ㉡ 아웃-인-아웃(Out-In-Out) : 차로 바깥쪽에서 진입하여 안쪽, 바깥쪽 순으로 통과하라는 뜻

정답 ▶ 15.② 16.① 17.③ 18.②

19 커브길 주행 시의 주의사항에 대한 설명으로 잘못된 것은?

① 커브길에서는 기상상태, 노면상태 및 회전속도 등에 따라 차량이 미끄러지거나 전복될 위험이 증가하므로 부득이한 경우가 아니면 급핸들 조작이나 급제동은 하지 않는다.
② 중앙선을 침범하거나 도로의 중앙선으로 치우친 운전을 하지 않는다.
③ 시야가 제한되어 있다면 주간에는 전조등, 야간에는 경음기를 사용하여 내 차의 존재를 반대 차로 운전자에게 알린다.
④ 급커브길 등에서의 앞지르기는 대부분 규제표지 및 노면표시 등 안전표지로 금지하고 있으나, 금지표지가 없다고 하더라도 전방의 안전이 확인 안 되는 경우에는 절대 하지 않는다.

● Advice ③ 시야가 제한되어 있다면 주간에는 경음기, 야간에는 전조등을 사용하여 내 차의 존재를 반대 차로 운전자에게 알린다.

20 철길 건널목에서의 방어운전에 대한 설명으로 옳지 않은 것은?

① 철길건널목에 접근할 때에는 속도를 줄여 접근한다.
② 일시정지 후에는 철도 좌·우의 안전을 확인한다.
③ 건널목을 통과할 때에는 기어를 변속한다.
④ 건널목 건너편 여유 공간을 확인한 후에 통과한다.

● Advice ③ 건널목을 통과할 때에는 기어를 변속하지 않는다. 시동이 꺼지지 않도록 가속 페달을 조금 힘주어 밟아 통과하고, 수동변속기의 경우에는 건널목을 통과하는 중에 기어 변속 과정에서 엔진이 멈출 수 있으므로 가급적 기어 변속을 하지 않고 통과한다.

21 오르막과 내리막에서의 안전운전 및 방어운전에 대한 설명으로 옳지 않은 것은?

① 내리막길을 내려갈 때에는 엔진 브레이크로 속도를 조절하는 것이 바람직하다.
② 내리막길은 반드시 변속기 저속기어로 자동변속기는 수동모드의 저속기어 상태로 엔진 브레이크로 속도를 줄여 감속운전 한다.
③ 오르막길에서 정차해 있을 때에는 가급적 풋 브레이크만 사용한다.
④ 오르막길에서 부득이하게 앞지르기 할 때에는 힘과 가속이 좋은 저단 기어를 사용하는 것이 안전하다.

● Advice ③ 오르막길에서 정차해 있을 때에는 가급적 풋 브레이크와 핸드 브레이크를 동시에 사용한다.

22 고속도로 교통사고의 특성과 안전운전 방법으로 옳지 않은 것은?

① 고속도로는 빠르게 달리는 도로의 특성상 치사율이 높다.
② 운전에 방해가 되지 않도록 되도록 대화를 하지 않는다.
③ 인지나 감각이 늦거나 졸음 오는 듯 느끼면 바로 휴게소나 졸음쉼터 휴식을 취한다.
④ 운전자 전방주시 태만과 졸음운전으로 인한 2차(후속)사고 발생 가능성이 높다.

● Advice ② 단조롭고 지루하지 않게 탑승자는 즐거운 대화를 유도한다.

정답 ▶ 19.③ 20.③ 21.③ 22.②

23 고속도로 진입부에서의 안전운전에 관한 설명으로 옳지 않은 것은?

① 본선 진입의도를 다른 차량에게 비상등으로 알린다.
② 본선 진입 전 충분히 가속하여 본선 차량의 교통흐름을 방해하지 않도록 한다.
③ 진입을 위한 가속차로 끝부분에서 감속하지 않도록 주의한다.
④ 고속도로 본선을 저속으로 진입하거나 진입 시기를 잘못 맞추면 추돌사고 등 교통사고가 발생할 수 있다.

● Advice ① 본선 진입의도를 다른 차량에게 방향지시등으로 알린다.

24 운전 중의 판단의 기본 요소는 시인성, 시간, 거리, 안전공간 및 잠재적 위험원 등에 대한 평가인데 평가의 내용과 관련된 설명이 바르지 않은 것은?

① 위험원 – 교차하는 문제가 발생하는 정확한 지점
② 타이밍 – 다른 차의 운전자가 행동하게 될 시점
③ 주행로 – 다른 차의 진행 방향과 거리
④ 행동 – 다른 차의 운전자가 할 것으로 예상되는 행동

● Advice ① 위험원 – 특정 차량, 자전거 이용자 또는 보행자의 잠재적 위험이다.

25 고속도로 안전운전 방법으로 옳지 않은 것은?

① 후방주시
② 전 좌석 안전띠 착용
③ 주변 교통흐름에 따라 적정속도 유지
④ 주행차로로 주행

● Advice 고속도로 안전운전 방법
㉠ 전방주시
㉡ 진입은 안전하게 천천히, 진입 후 가속은 빠르게 전진
㉢ 주변 교통흐름에 따라 적정속도 유지
㉣ 주행차로로 주행
㉤ 전 좌석 안전띠 착용

26 고속도로에서 교통사고 및 고장 발생 시 2차사고 예방 안전행동요령으로 옳지 않은 것은?

① 신속히 비상등을 켜고 다른 차의 소통에 방해가 되지 않도록 갓길로 차량을 이동시킨다.
② 후방에서 접근하는 차량의 운전자가 쉽게 확인할 수 있도록 고장자동차의 표지(안전삼각대)를 한다.
③ 차량이 고속으로 주행하여 위험하므로 운전자와 탑승자는 차량 내에서 대기한다.
④ 경찰관서, 소방관서 또는 한국도로공사 콜센터로 연락하여 도움을 요청한다.

● Advice 교통사고 및 고장 발생 시 2차사고 예방 안전행동요령
㉠ 신속히 비상등을 켜고 다른 차의 소통에 방해가 되지 않도록 갓길로 차량을 이동시킨다.
㉡ 후방에서 접근하는 차량의 운전자가 쉽게 확인할 수 있도록 고장자동차의 표지(안전삼각대)를 한다.
㉢ 운전자와 탑승자가 차량 내 또는 주변에 있는 것은 매우 위험하므로 가드레일(방호벽) 밖 등 안전한 장소로 대피한다.
㉣ 경찰관서, 소방관서 또는 한국도로공사 콜센터로 연락하여 도움을 요청한다.

정답 ▶ 23.① 24.① 25.① 26.③

27 터널 내 화재 시 행동요령으로 옳지 않은 것은?

① 운전자는 차량과 함께 터널 밖으로 신속히 이동한다.
② 터널 밖으로 이동이 불가능한 경우 차량의 움직임을 최소화한다.
③ 비상벨을 누르거나 비상전화로 화재발생을 알려줘야 한다.
④ 터널에 비치된 소화기나 설치되어 있는 소화전으로 조기 진화를 시도한다.

● Advice ② 터널 밖으로 이동이 불가능한 경우 최대한 갓길 쪽으로 정차한다.

28 다음 중 야간운전의 위험성에 관한 설명으로 가장 옳지 않은 것은?

① 밤에는 낮보다 장애물이 잘 보이는 관계로 발견이 빠르며 조치시간이 감소된다.
② 원근감과 속도감이 저하되어 과속으로 운행하는 경향이 발생할 수 있다.
③ 커브길이나 길모퉁이에서는 전조등 불빛이 회전하는 방향을 제대로 비춰지지 않는 경향이 있으므로 속도를 줄여 주행한다.
④ 술 취한 사람이 갑자기 도로에 뛰어들거나 도로에 누워 있는 경우가 발생하므로 주의해야 한다.

● Advice ① 밤에는 낮보다 장애물이 잘 보이지 않거나 발견이 늦어 조치시간이 지연될 수 있다.

29 다음 중 안개길 안전운전에 관한 설명으로 바르지 않은 것은?

① 전조등, 안개등 및 비상점멸표시등을 켜고 운행한다.
② 가시거리가 100m 이내인 경우에는 최고속도를 70% 정도 감속하여 운행한다.
③ 커브길 등에서는 경음기를 울려 자신이 주행하고 있다는 것을 알린다.
④ 앞차와의 차간거리를 충분히 확보하고, 앞차의 제동이나 방향지시등의 신호를 예의 주시하며 운행한다.

● Advice ② 가시거리가 100m 이내인 경우에는 최고속도를 50% 정도 감속하여 운행한다.

30 다음 중 빗길 안전운전에 관한 설명으로 바르지 않은 것은?

① 비가 내려 노면이 젖어있는 경우에는 최고속도의 20%를 줄인 속도로 운행한다.
② 폭우로 가시거리가 100m 이내인 경우에는 최고속도의 50%를 줄인 속도로 운행한다.
③ 물이 고인 길을 벗어난 경우에는 브레이크에 손상이 생기지 않도록 최대한 밟지 않는다.
④ 보행자 옆을 통과할 때에는 속도를 줄여 흙탕물이 튀기지 않도록 주의한다.

● Advice ③ 물이 고인 길을 벗어난 경우에는 브레이크를 여러 번 나누어 밟아 마찰열로 브레이크 패드나 라이닝의 물기를 제거한다.

정답 ▶ 27.② 28.① 29.② 30.③

31 연료 소모율을 낮추고, 공해배출을 최소화하며, 도로환경의 변화에 즉시 대처할 수 있는 급가속, 급제동, 급감속 등 위험운전을 하지 않는 방어운전으로 안전운전의 효과를 가져 오고자 하는 운전방식은?

① 회계운전
② 경영운전
③ 안전운전
④ 경제운전

> **Advice** 경제운전 … 연료 소모율을 낮추고, 공해배출을 최소화하며, 도로환경의 변화에 즉시 대처할 수 있는 급가속, 급제동, 급감속 등 위험운전을 하지 않는 방어운전으로 안전운전의 효과를 가져 오고자 하는 운전방식이다.

32 경제운전의 효과로 보기 어려운 것은?

① 타이어 교체 비용의 증가
② 공해배출 등 환경문제의 감소
③ 방어운전
④ 운전자 및 승객의 스트레스 감소

> **Advice** ① 경제운전을 할 경우 차량 관리 비용, 고장수리 비용, 타이어 교체 비용 등의 감소로 차량 구조장치 내구성 증가 효과를 얻을 수 있다.

33 경제운전의 핵심으로 운전자가 주행하다가 가속페달을 밟고 있던 발을 떼었을 때, 자동차의 모든 제어 및 명령을 담당하는 컴퓨터인 ECU가 가속페달의 신호에 따라 스스로 연료를 차단시키는 작업을 무엇이라고 하는가?

① 퓨얼-킵(Fuel-keep)
② 퓨얼-온(Fuel-on)
③ 퓨얼-오프(Fuel-off)
④ 퓨얼-컷(Fuel-cut)

> **Advice** 퓨얼-컷(Fuel-cut) … 용어의 뜻과 같이 연료가 차단된다는 의미로 운전자가 주행하다가 가속 페달을 밟고 있던 발을 떼었을 때, 자동차의 모든 제어 및 명령을 담당하는 컴퓨터인 ECU가 가속페달의 신호에 따라 스스로 연료를 차단시키는 작업을 의미한다.

34 경세운진에 영향을 미치는 요인으로 옳지 않은 것은?

① 도심 교통상황
② 운전경력
③ 도로조건
④ 기상조건

> **Advice** 경제운전에 영향을 미치는 요인
> ㉠ 도심 교통상황
> ㉡ 도로조긴
> ㉢ 기상조건

정답 31.④ 32.① 33.④ 34.②

35 경제운전의 실천요령으로 옳지 않은 것은?

① 시동을 걸때 클러치를 반드시 밟는다.
② 시동을 걸 때 필요에 따라 가속페달을 밟는다.
③ 시동 직후 급가속이나 급출발을 삼간다.
④ 타이어 공기압력을 적절히 유지한다.

● Advice 경제운전 실천요령
  ㉠ 시동을 걸때 클러치를 반드시 밟는다.
  ㉡ 시동을 걸 때 가속페달을 밟지 않는다.
  ㉢ 시동 직후 급가속이나 급출발을 삼간다.
  ㉣ 급출발, 급제동 삼가고 교차로 선행신호등 주지
  ㉤ 경제속도로 정속주행 한다.
  ㉥ 적절한 시기에 변속한다.
  ㉦ 올바른 운전습관을 가져야 한다.
  ㉧ 타이어 공기압력을 적절히 유지한다.
  ㉨ 정기적으로 엔진을 점검한다.
  ㉩ 경제적인 주행코스(내비게이션)정보를 선택한다.

36 출발하고자 할 때의 기본 운행 수칙이 아닌 것은?

① 매일 운행을 시작할 때에는 후사경이 제대로 조정되어 있는지 확인한다.
② 기어가 들어가 있는 상태에서는 클러치를 밟지 않고 시동을 걸지 않는다.
③ 출발 후 진로변경이 끝나기 전에 신호를 중지한다.
④ 운전석은 운전자의 체형에 맞게 조절하여 운전자세가 자연스럽도록 한다.

● Advice ③ 출발 후 진로변경이 끝나기 전에 신호를 중지하지 않으며, 진로변경이 끝난 후에도 신호를 계속하고 있지 않는다.

37 주차할 때의 기본 운행 수칙이 아닌 것은?

① 주차가 허용된 지역이나 안전한 지역에 주차한다.
② 주행차로로 주차된 차량의 일부분이 돌출되지 않도록 주의한다.
③ 경사가 있는 도로에 주차할 때에는 밀리는 현상을 방지하기 위해 바퀴에 고임목 등을 설치하여 안전여부를 확인한다.
④ 도로에서 차가 고장이 일어난 경우에는 이동을 삼가하며 고장자동차의 표지(비상삼각대)를 설치한다.

● Advice ④ 도로에서 차가 고장이 일어난 경우에는 안전한 장소로 이동한 후 고장자동차의 표지(비상삼각대)를 설치한다.

38 진로변경 및 주행차로를 선택할 때 기본 운행 수칙으로 옳지 않은 것은?

① 교통상황에 따라 급차로 변경을 한다.
② 도로노면에 표시된 백색 점선에서 진로를 변경한다.
③ 진로변경이 끝날 때까지 신호를 계속 유지하고, 진로변경이 끝난 후에는 신호를 중지한다.
④ 다른 통행차량 등에 대한 배려나 양보 없이 본인 위주의 진로변경을 하지 않는다.

● Advice ① 급차로 변경을 하지 않는다.

정답 35.② 36.③ 37.④ 38.①

39 편도 1차로 도로 등에서 앞지르기하고자 할 때 기본 운행 수칙으로 옳지 않은 것은?

① 앞지르기 할 때에는 언제나 방향지시등을 작동시킨다.
② 앞지르기가 허용된 구간에서만 시행한다.
③ 제한속도를 넘지 않는 범위 내에서 시행한다
④ 앞 차량의 우측 차로를 통해 앞지르기를 한다.

● Advice ④ 앞 차량의 좌측 차로를 통해 앞지르기를 한다.

40 봄철 교통사고 위험요인에 대한 설명으로 옳지 않은 것은?

① 이른 봄에는 일교차가 심해 새벽에 결빙된 도로가 발생할 수 있다.
② 황사현상에 의한 모래바람은 운전자 시야 장애요인이 되기도 한다.
③ 기온이 떨어짐에 따라 긴장이 되면서 몸도 굳어지게 된다.
④ 추웠던 날씨가 풀리면서 통행하는 보행자가 증가하기 시작한다.

● Advice ③ 기온이 상승함에 따라 긴장이 풀리고 몸도 나른해진다.

41 봄철 자동차관리에 대한 설명으로 잘못된 것은?

① 차량부식을 촉진시키는 제설작업용 염화칼슘을 제거하기 위해 세차할 때는 차량 및 차체 하부 구석구석을 씻어 주는 것이 좋다.
② 스노타이어는 휠과 분리하여 습기가 없는 공기가 잘 통하는 곳에 보관한다.
③ 추운 날씨로 인해 엔진오일이 변질될 수 있기 때문에 엔진오일 상태를 점검한다.
④ 작은 누수라도 방치할 경우 엔진 전체를 교환할 수 있기 때문에 겨우내 냉각계통에서 부동액이 샜는지 확인한다.

● Advice ② 스노타이어는 모양이 변형되지 않도록 가급적 휠에 끼워 습기가 없는 공기가 잘 통하는 곳에 보관한다.

42 여름철 교통사고 위험요인에서 도로조건 요인에 해당하는 것은?

① 갑작스런 악천후 및 무더위 등으로 운전자의 시각적 변화와 긴장·흥분·피로감이 복합적 요인으로 작용하여 교통사고를 일으킬 수 있으므로 기상 변화에 잘 대비하여야 한다.
② 수면부족과 피로로 인한 졸음운전은 집중력 저하 요인으로 작용한다.
③ 장마철은 우산을 받치고 보행함에 따라 전·후방 시야를 확보하기 어렵다.
④ 무더운 날씨 및 열대야 등으로 낮에는 더위에 지치고 밤에는 잠을 제대로 자지 못해 피로가 쌓일 수 있다.

● Advice ② 운전자 요인
③ 보행자 요인
④ 보행자 요인

정답 39.④ 40.③ 41.② 42.①

43 여름철 자동차관리에 대한 설명으로 잘못된 것은?

① 무더운 날씨로 인해 엔진이 과열되기 쉬우므로 냉각수의 양은 충분한지, 냉각수가 새는 부분이 없는지 팬벨트의 장력은 적절한지를 수시로 확인한다.
② 차량 내부에 습기가 있는 경우에는 습기를 제거하여 차체의 부식이나 악취 발생을 방지한다.
③ 여름철 장거리 운전 뒤에는 브레이크 패드와 라이닝, 브레이크액 등을 점검하여 제동거리가 길어지는 현상을 방지하여야 한다.
④ 해수욕장 또는 해안 근처를 주행한 경우에는 따로 세차를 하지 않아도 무방하다.

● Advice ④ 해수욕장 또는 해안 근처는 소금기가 강하고, 이 소금기는 금속의 산화작용을 일으키기 때문에 해안 부근을 주행한 경우에는 세차를 통해 소금기를 제거해야 한다.

44 가을철 교통사고 위험요인에 대한 설명으로 옳지 않은 것은?

① 추석절 귀성객 등으로 전국 도로가 교통량이 증가하여 지·정체가 발생한다.
② 다른 계절에 비하여 도로조건이 양호하지 못하다.
③ 추수철 국도 주변에는 저속으로 운행하는 경운기·트랙터 등의 통행이 증가한다.
④ 맑은 날씨, 단풍 등 계절적 요인으로 인해 교통신호 등에 대한 주의집중력이 분산될 수 있다.

● Advice ② 가을철은 추석절 귀성객 등으로 전국 도로가 교통량이 증가하여 지·정체가 발생하지만 다른 계절에 비하여 도로조건은 비교적 양호한 편이다.

45 겨울철 주행할 때 주의사항으로 옳지 않은 것은?

① 겨울철은 밤이 길고 약간의 비나 눈만 내려도 물체를 판단할 수 있는 능력이 감소하므로 전·후방의 교통 상황에 대한 주의가 필요하다.
② 주행 중에 차체가 미끄러질 때에는 핸들을 미끄러지는 반대 방향으로 틀어주면 스핀현상을 방지할 수 있다.
③ 주행 중 노면의 동결이 예상되는 그늘진 장소를 주의한다.
④ 미끄러운 오르막길에서는 앞서가는 자동차가 정상에 오르는 것을 확인한 후 올라가야 한다.

● Advice ② 주행 중에 차체가 미끄러질 때에는 핸들을 미끄러지는 방향으로 틀어주면 스핀현상을 방지할 수 있다.

46 도로상의 위험을 발견하고 운전자가 반응하는 시간은 문제 발견 후 몇 초 정도인가?

① 0.1초~0.3초 정도
② 0.5초~0.7초 정도
③ 0.9초~1.3초 정도
④ 1.5초~2.7초 정도

● Advice 도로상의 위험을 발견하고 운전자가 반응하는 시간은 문제 발견(인지) 후, 0.5초~0.7초 정도이다.

정답 ▶ 43.④ 44.② 45.② 46.②

47 노면의 마찰력이 가장 낮아지는 시점은 비오기 시작한지 몇 분 이내인가?

① 1시간~2시간 이내
② 30분~1시간 이내
③ 5~30분 이내
④ 5~10분 이내

● Advice 노면의 마찰력이 가장 낮아지는 시점은 비오기 시작한지 5~30분 이내이다. 처음 빗물이 노면에 떨어지게 될 때 노면의 먼지와 기름 등이 빗물과 혼합되어 도로표면상에 윤활밴드를 형성하기 때문이다.

정답 ▶ 47.③

PART 03 운송서비스

- **01** 여객운수종사자의 기본자세
- **02** 운송사업자 및 운수종사자 준수사항
- **03** 운수종사자의 기본 소양

01 여객운수종사자의 기본자세

01 서비스의 개념과 특징

(1) 서비스의 개념
일반적으로 통용되고 있는 서비스의 정의는 한 당사자가 다른 당사자에게 소유권의 변동 없이 제공해 줄 수 있는 무형의 행위 또는 활동을 말한다.

(2) 올바른 서비스 제공을 위한 5요소
① 단정한 용모 및 복장
② 밝은 표정
③ 공손한 인사
④ 친근한 말
⑤ 따뜻한 응대

(3) 서비스의 특징
① 무형성 : 보이지 않는다.
② 동시성 : 생산과 소비가 동시에 발생하므로 재고가 발생하지 않는다.
③ 인적 의존성 : 사람에 의존한다.
④ 소멸성 : 즉시 사라진다.
⑤ 무소유권 : 가질 수 없다.
⑥ 변동성 : 운송서비스의 소비활동은 택시 실내의 공간적 제약요인으로 인해 상황의 발생 정도에 따라 시간, 요일 및 계절별로 변동성을 가질 수 있다.
⑦ 다양성 : 승객 욕구의 다양함과 감정의 변화, 서비스 제공자에 따라 상대적이며, 승객의 평가 역시 주관적이어서 일관되고 표준화된 서비스 질을 유지하기 어렵다.

02 승객만족

(1) 개념
승객만족은 승객이 무엇을 원하고 무엇이 불만인지 니즈를 파악하여 승객의 기대에 맞춰가는 서비스를 제공함으로써 승객으로 하여금 만족감을 느끼게 하는 것이다.

(2) 일반적인 승객의 욕구
① 환영받고 싶어 한다.
② 편안해지고 싶어 한다.
③ 중요한 사람으로 인식되고 싶어 한다.
④ 존중받고 싶어 한다.
⑤ 기대와 욕구를 수용하고 인정받고 싶어 한다.

(3) 승객만족을 위한 기본예절
① 승객을 환영한다.
② 자신의 입장에서만 생각하는 태도는 승객만족의 저해요소이다.
③ 약간의 어려움을 감수하는 것은 승객과 좋은 관계로 지속적인 고객을 투자이다.
④ 예의란 인간관계에서 지켜야할 도리이다.
⑤ 연장자는 사회의 선배로서 존중하고, 공사를 구분하여 예우한다.
⑥ 상대가 불쾌하거나 불편해하는 말은 하지 않는다.
⑦ 승객에게 관심을 갖는 것은 승객으로 하여금 좋은 이미지를 갖게 한다.
⑧ 관심을 가짐으로써 승객과의 관계는 친숙해 질 수 있다.
⑨ 승객의 입장을 이해하고 존중한다.

⑩ 승객의 여건, 능력, 개인차를 수용하고 배려한다.
⑪ 승객을 존중하는 것은 돈 한 푼 들이지 않고 승객을 접대하는 효과가 있다.
⑫ 모든 인간관계는 성실을 바탕으로 한다
⑬ 한결같은 마음으로 진정성 있게 승객을 대한다.

03 승객을 위한 행동예절

(1) 긍정적 이미지를 만들기 위한 5요소

① 시선처리(눈빛)
② 음성관리(목소리)
③ 표정관리(미소)
④ 용모복장(단정한 용모)
⑤ 제스처(비언어적요소인 손짓, 자세)

(2) 올바른 인사

구분	인사 각도	인사 의미	인사말
가벼운 인사 (목례)	15°	기본적인 예의 표현	• 안녕하십니까. • 네, 알겠습니다.
보통 인사 (보통례)	30°	승객 앞에 섰을 때	• 처음 뵙겠습니다. • 감사합니다.
정중한 인사 (정중례)	45°	정중한 인사 표현	• 죄송합니다. • 미안합니다.

(3) 호감받는 표정관리

표정의 개념	마음속의 감정이나 정서 따위의 심리 상태가 얼굴에 나타난 모습을 말한다.
표정의 중요성	① 밝고 환한 표정은 첫인상을 좋게 만든다. ② 첫인상은 대면 직후 결정되는 경우가 많다. ③ 좋은 첫인상은 긍정적인 호감도로 이어진다. ④ 상대방과의 원활하고 친근한 관계를 만들어 준다. ⑤ 업무 효과를 높일 수 있다. ⑥ 밝은 표정은 호감 가는 이미지를 형성하여 사회생활에 도움을 준다. ⑦ 밝은 표정과 미소는 신체와 정신 건강을 향상시킨다.
밝은 표정의 효과	① 자신의 건강증진에 도움이 된다. ② 상대방과의 긍정적인 친밀감을 만드는 데 도움이 된다. ③ 밝은 표정은 전이효과가 있어 상대에게 전달되며 상대방에게도 밝은 표정으로 연결된다. 따라서 좋은 분위기에서 업무를 볼 수 있다. ④ 업무능률 향상에 도움이 된다.
시선 처리	① 자연스럽고 부드러운 시선으로 상대를 본다. ② 눈동자는 항상 중앙에 위치하도록 한다. ③ 가급적 승객의 눈높이와 맞춘다.
좋은 표정 만들기	① 밝고 상쾌한 표정을 만든다. ② 얼굴 전체가 웃는 표정을 만든다. ③ 돌아서면서 표정이 굳어지지 않도록 한다. ④ 입은 가볍게 다문다. ⑤ 입의 양 꼬리가 올라가게 한다.
잘못된 표정	① 상대의 눈을 보지 않는 표정 ② 무관심하고 의욕이 없는 무표정 ③ 입을 일자로 굳게 다물거나 입꼬리가 처져 있는 표정 ④ 갑자기 표정이 자주 변하는 얼굴 ⑤ 눈썹 사이에 세로 주름이 지는 찡그리는 표정 ⑥ 코웃음을 치는 것 같은 표정
승객 응대 마음 가짐 10가지	① 사명감을 가진다. ② 승객의 입장에서 생각한다. ③ 편안하게 대한다. ④ 항상 긍정적으로 생각한다. ⑤ 승객이 호감을 갖도록 한다. ⑥ 공사를 구분하고 공평하게 대한다. ⑦ 승객의 니즈를 파악하려고 노력한다. ⑧ 예의를 지키며 겸손하게 대한다. ⑨ 자신감을 갖고 행동한다. ⑩ 개선할 사항은 변명보다 수용의 자세를 통해 개선한다.

(4) 단정한 용모와 복장의 중요성

① 승객이 받는 첫인상을 결정한다.
② 회사의 이미지를 좌우하는 요인을 제공한다.
③ 하는 일의 성과에 영향을 미친다.
④ 활기찬 직장 분위기 조성에 영향을 준다.

(5) 근무복에 대한 공, 사적인 입장

공적인 입장 (운수회사 입장)	① 시각적인 안정감과 편안함을 승객에게 전달할 수 있다. ② 종사자의 소속감 및 애사심 등 심리적인 효과를 유발시킬 수 있다. ③ 효율적이고 능동적인 업무처리에 도움을 줄 수 있다.
사적인 입장 (종사자 입장)	① 사복에 대한 경제적 부담이 완화될 수 있다. ② 승객에게 신뢰감을 줄 수 있다.

(6) 복장의 기본원칙

① 깨끗하게
② 단정하게
③ 품위 있게
④ 규정에 맞게
⑤ 통일감 있게
⑥ 계절에 맞게
⑦ 편한 신발을 신되, 샌들이나 슬리퍼는 삼가야 한다.

(7) 대화의 원칙

① 밝고 적극적으로 말한다. : 밝고 따뜻한 말투로 승객에게 말을 건네며 즐거운 마음으로 대화를 이어 가며 적절한 유머 등을 활용하면 좋다.
② 공손하게 말한다. : 승객에 대한 친밀감과 존중의 마음을 존경어, 겸양어, 정중한 어휘의 선택으로 공손하게 말한다.
③ 명료하게 말한다. : 정확한 발음과 적절한 속도로 전달하고자 하는 내용을 알기 쉽게 말한다.
④ 품위 있게 말한다. : 승객의 입장을 고려한 어휘의 선택과 호칭을 사용하는 배려를 아끼지 않아야 한다.
⑤ 상대방의 입장을 고려해 말한다. : 승객이 대화하기를 불편해하면 운행 서비스에 꼭 필요한 내용만으로 응대한다.

(8) 대화를 나눌 때의 언어예절

구분	의미	사용방법
존경어	사람이나 사물을 높여 말해 직접적으로 상대에 대해 경의를 나타내는 말이다.	• 직접 승객이나 상사에게 말을 걸 때 • 승객이나 상사의 일을 이야기 할 때
겸양어	자신의 동작이나 자신과 관련된 것을 낮추어 말해 간접적으로 상대를 높이는 말이다.	• 자신의 일을 승객에게 말할 때 • 자신의 일을 상사에게 말할 때 • 회사의 일을 승객에게 말할 때
정중어	자신이나 상대와 관계없이 말하고자 하는 것을 정중히 말해 상대에 대해 경의를 나타내는 말이다.	• 승객이나 상사에게 직접 말을 걸 때 • 손아래나 동료라도 말끝을 정중히 할 때

(9) 대화를 나눌 때의 표정 및 예절

구분	듣는 입장	말하는 입장
눈	• 상대방을 정면으로 바라보며 경청한다. • 시선을 자주 마주친다.	• 듣는 사람을 정면으로 바라보고 말한다. • 상대방 눈을 부드럽게 주시한다.
몸	• 정면을 향해 조금 앞으로 내미는듯한 자세를 취한다. • 손이나 다리를 꼬지 않는다. • 끄덕끄덕하거나 메모하는 태도를 유지한다.	• 표정을 밝게 한다. • 등을 펴고 똑바른 자세를 취한다. • 자연스런 몸짓이나 손짓을 사용한다. • 웃음이나 손짓이 지나치지 않도록 주의한다.

입	• 맞장구를 치며 경청한다. • 모르면 질문하여 물어본다. • 대화의 핵심사항을 재확인하며 말한다.	• 입은 똑바로, 정확한 발음으로, 자연스럽고 상냥하게 말한다. • 쉬운 용어를 사용하고, 경어를 사용하며, 말끝을 흐리지 않는다. • 적당한 속도와 맑은 목소리를 사용한다.
마음	• 흥미와 성의를 가지고 경청한다. • 말하는 사람의 입장에서 생각하는 마음을 가진다.(역지사지의 마음)	• 성의를 가지고 말한다. • 최선을 다하는 마음으로 말한다.

(10) 대화할 때의 주의사항

	듣는 입장에서의 주의사항	말하는 입장에서의 주의사항
대화할 때의 주의사항	① 침묵으로 일관하는 등 무관심한 태도를 취하지 않는다. ② 불가피한 경우를 제외하고 가급적 논쟁은 피한다. ③ 상대방의 말을 중간에 끊거나 말참견을 하지 않는다. ④ 다른 곳을 바라보면서 말을 듣거나 말하지 않는다. ⑤ 팔짱을 끼고 손장난을 치지 않는다.	① 불평불만을 함부로 말하지 않는다. ② 전문적인 용어나 외래어를 남용하지 않는다. ③ 욕설, 독설, 험담, 과장된 몸짓은 하지 않는다. ④ 남을 중상모략하는 언동은 조심한다. ⑤ 쉽게 흥분하거나 감성에 치우치지 않는다. ⑥ 손아랫사람이라 할지라도 농담은 조심스럽게 한다. ⑦ 함부로 단정하고 말하지 않는다. ⑧ 상대방의 약점을 잡아 말하는 것은 피한다. ⑨ 일부를 보고, 전체를 속단하여 말하지 않는다. ⑩ 도전적으로 말하는 태도나 버릇은 조심한다. ⑪ 자기 이야기만 일방적으로 말하는 행위는 조심한다.

(11) 상황에 따라 호감을 주는 화법

상황	호감화법
긍정할 때	• 네, 잘 알겠습니다. • 네, 그렇죠, 맞습니다.
부정할 때	• 그럴 리가 없다고 생각되는데요. • 확인해 보겠습니다.
맞장구를 칠 때	• 네, 그렇군요. • 정말 그렇습니다. • 참 잘 되었네요.
거부할 때	• 어렵겠습니다만, • 정말 죄송합니다만, • 유감스럽습니다만,
부탁할 때	• 양해해 주셨으면 고맙겠습니다. • 그렇게 해 주시면 정말 고맙겠습니다.
사과할 때	• 폐를 끼쳐 드려서 정말 죄송합니다. • 무어라 사과의 말씀을 드려야 할지 모르겠습니다.
겸손한 태도를 나타낼 때	• 천만의 말씀입니다. • 제가 도울 수 있어서 다행입니다. • 오히려 제가 더 감사합니다.
분명하지 않을 때	• 어떻게 하면 좋을까요? • 아직은 ~입니다만, • 저는 그렇게 알고 있습니다만,

(12) 흡연 예절

금연해야 하는 장소	① 택시 안 ② 보행중인 도로 ③ 승객대기실 또는 승강장 ④ 금연식당 및 공공장소 ⑤ 다른 사람에게 간접흡연의 영향을 줄 수 있는 장소 ⑥ 사무실 내
담배꽁초를 처리하는 경우에 주의해야 할 사항	① 담배꽁초는 반드시 재떨이에 버린다. ② 차창 밖으로 버리지 않는다. ③ 화장실 변기에 버리지 않는다. ④ 꽁초를 바닥에다 버리지 않으며, 발로 비벼 끄지 않는다. ⑤ 꽁초를 손가락으로 튕겨 버리지 않는다.

(13) 직업관

① **개념**: 경제적 소득을 얻거나 사회적 가치를 이루기 위해 참여하는 계속적인 활동으로 삶의 한 과정을 말한다.

② **특징**
  ㉠ 우리는 평생 어떤 형태로든지 직업과 관련된 삶을 살아가도록 되어 있으며, 직업을 통해 생계를 유지할 뿐만 아니라 사회적 역할을 수행하고, 자아실현을 이루어간다
  ㉡ 어떤 사람들은 일을 통해 보람과 긍지를 맛보며 만족스런 삶을 살아가지만, 어떤 사람들은 그렇지 못하다.

③ **직업의 의미**
  ㉠ **경제적 의미**
    • 직업을 통해 안정된 삶을 영위해 나갈 수 있어 중요한 의미를 가진다.
    • 직업은 인간 개개인에게 일할 기회를 제공한다.
    • 일의 대가로 임금을 받아 본인과 가족의 경제생활을 영위한다.
    • 인간이 직업을 구하려는 동기 중의 하나는 바로 노동의 대가, 즉 임금을 얻는 소득측면이 있다.
  ㉡ **사회적 의미**
    • 직업을 통해 원만한 사회생활, 인간관계 및 봉사를 하게 되며, 자신이 맡은 역할을 수행하여 능력을 인정받는 것이다.
    • 직업을 갖는다는 것은 현대사회의 조직적이고 유기적인 분업 관계 속에서 분담된 기능의 어느 하나를 맡아 사회적 분업 단위의 지분을 수행하는 것이다.
    • 사람은 누구나 직업을 통해 타인의 삶에 도움을 주기도 하고, 사회에 공헌하며 사회발전에 기여하게 된다.
    • 직업은 사회적으로 유용한 것이어야 하며, 사회발전 및 유지에 도움이 되어야 한다.
  ㉢ **심리적 의미**
    • 삶의 보람과 자기실현에 중요한 역할을 하는 것으로 사명감과 소명의식을 갖고 정성과 정열을 쏟을 수 있는 것이다.
    • 인간은 직업을 통해 자신의 이상을 실현한다.
    • 인간의 잠재적 능력, 타고난 소질과 적성 등이 직업을 통해 계발되고 발전된다.
    • 직업은 인간 개개인의 자아실현의 매개인 동시에 장이 되는 것이다.
    • 자신이 갖고 있는 제반 욕구를 충족하고 자신의 이상이나 자아를 직업을 통해 실현함으로써 인격의 완성을 기하는 것이다

④ **바람직한 직업관**
  ㉠ **소명의식을 지닌 직업관**: 항상 소명의식을 가지고 일하며, 자신의 직업을 천직으로 생각한다.
  ㉡ **사회구성원으로서의 역할 지향적 직업관**: 사회구성원으로서의 직분을 다하는 일이자 봉사하는 일이라 생각한다.
  ㉢ **미래 지향적 전문능력 중심의 직업관**: 자기 분야의 최고 전문가가 되겠다는 생각으로 최선을 다해 노력한다.

⑤ **잘못된 직업관**
  ㉠ **생계유지 수단적 직업관**: 직업을 생계를 유지하기 위한 수단으로 본다.
  ㉡ **지위 지향적 직업관**: 직업생활의 최고 목표는 높은 지위에 올라가는 것이라고 생각한다.
  ㉢ **귀속적 직업관**: 능력으로 인정받으려 하지 않고 학연과 지연에 의지한다.
  ㉣ **차별적 직업관**: 육체노동을 천시한다.
  ㉤ **폐쇄적 직업관**: 신분이나 성별 등에 따라 개인의 능력을 발휘할 기회를 차단한다.

⑥ 올바른 직업윤리
  ㉠ **소명의식** : 직업에 종사하는 사람이 어떠한 일을 하든지 자신이 하는 일에 전력을 다하는 것이 하늘의 뜻에 따르는 것이라고 생각하는 것이다.
  ㉡ **천직의식** : 자신이 하는 일보다 다른 사람의 직업이 수입도 많고 지위가 높더라도 자신의 직업에 긍지를 느끼며, 그 일에 열성을 가지고 성실히 임하는 직업의식을 말한다.
  ㉢ **직분의식** : 사람은 각자의 직업을 통해서 사회의 각종 기능을 수행하고, 직접 또는 간접으로 사회구성원으로서 마땅히 해야 할 본분을 다해야 한다.
  ㉣ **봉사정신** : 현대 산업사회에서 직업 환경의 변화와 직업의식의 강화는 자신의 직무수행과정에서 협동정신 등이 필요로 하게 되었다.
  ㉤ **전문의식** : 직업인은 자신의 직무를 수행하는데 필요한 전문적 지식과 기술을 갖추어야 한다.
  ㉥ **책임의식** : 직업에 대한 사회적 역할과 직무를 충실히 수행하고, 맡은 바 임무나 의무를 다해야 한다.

⑦ 직업의 가치

내재적 가치	① 자신에게 있어서 직업 그 자체에 가치를 둔다. ② 자신의 능력을 최대한 발휘하길 원하며, 그로 인한 사회적인 헌신과 인간관계를 중시한다. ③ 자기표현이 충분히 되어야 하고, 자신의 이상을 실현하는데 그 목적과 의미를 두는 것에 초점을 맞추려는 경향을 갖는다.
외재적 가치	① 자신에게 있어서 직업을 도구적인 면에 가치를 둔다. ② 삶을 유지하기 위한 경제적인 도구나 권력을 추구하고자 하는 수단을 중시하는데 의미를 두고 있다. ③ 직업이 주는 사회 인식에 초점을 맞추려는 경향을 갖는다.

실전 연습문제

1 서비스에 대한 설명으로 옳지 않은 것은?

① 일반적으로 통용되고 있는 서비스의 정의는 한 당사자가 다른 당사자에게 소유권 변동과 함께 제공해 줄 수 있는 무형의 행위 또는 활동을 말한다.
② 여객운송업에 있어 서비스란 긍정적인 마음을 적절하게 표현하여 승객을 편안하고 안전하게 목적지까지 이동시키는 것을 말한다.
③ 서비스도 하나의 상품으로 서비스 품질에 대한 승객만족을 위해 계속적으로 승객에게 제공하는 모든 활동을 의미한다.
④ 여객운송서비스는 택시를 이용하여 승객을 출발지에서 최종목적지까지 이동시키는 상업적 행위를 말한다.

● Advice ① 일반적으로 통용되고 있는 서비스의 정의는 한 당사자가 다른 당사자에게 소유권의 변동 없이 제공해 줄 수 있는 무형의 행위 또는 활동을 말한다.

2 서비스의 특징으로 보기 어려운 것은?

① 무형성
② 소멸성
③ 변동성
④ 획일성

● Advice 서비스의 특징 … 무형성, 동시성, 인적 의존성, 소멸성, 무소유권, 변동성, 다양성

3 올바른 서비스 제공을 위한 5가지 요소에 해당하지 않는 것은?

① 단정한 용모 및 복장
② 밝은 표정
③ 공손한 인사
④ 직업적인 응대

● Advice 올바른 서비스 제공을 위한 5요소
㉠ 단정한 용모 및 복장
㉡ 밝은 표정
㉢ 공손한 인사
㉣ 친근한 말
㉤ 따뜻한 응대

4 서비스의 특징 중 택시 실내의 공간적 제약요인으로 인해 상황의 발생정도에 따라 시간, 요일, 계절별로 달라지는 것을 의미하는 것은?

① 동시성
② 변동성
③ 다양성
④ 소멸성

● Advice ① 생산과 소비가 동시에 발생하므로 재고가 발생하지 않는다.
③ 승객 욕구의 다양함과 감정의 변화, 서비스 제공자에 따라 상대적이며, 승객의 평가 역시 주관적이어서 일관되고 표준화된 서비스 질을 유지하기 어렵다.
④ 서비스는 오래 남아있는 것이 아니라 제공이 끝나면 즉시 사라져 남지 않는다.

정답 ▶ 1.① 2.④ 3.④ 4.②

5 승객이 무엇을 원하고 무엇이 불만인지 니즈를 파악하여 승객의 기대에 맞춰가는 서비스를 제공함으로써 승객으로 하여금 만족감을 느끼게 하는 것을 무엇이라 하는가?

① 승객만족
② 무소유권
③ 대리만족
④ 여객운송

● Advice 승객만족
㉠ 승객이 무엇을 원하고 무엇이 불만인지 니즈를 파악하여 승객의 기대에 맞춰가는 서비스를 제공함으로써 승객으로 하여금 만족감을 느끼게 하는 것
㉡ 승객을 만족시키기 위한 추진력과 분위기 조성은 경영자의 몫이라 할 수 있으나 실제로 승객을 상대하고 승객을 만족시켜야 할 사람은 승객과 직접 접촉하는 고객접점의 운전자이다.

6 일반적인 택시 승객의 욕구가 아닌 것은?

① 편안해지고 싶어한다.
② 환영받고 싶어한다.
③ 무료로 받고 싶어한다.
④ 존중받고 싶어한다.

● Advice 일반적인 승객의 욕구
㉠ 환영받고 싶어한다.
㉡ 편안해지고 싶어한다.
㉢ 중요한 사람으로 인식되고 싶어한다.
㉣ 존중받고 싶어한다.
㉤ 기대와 욕구를 수용하고 인정받고 싶어한다.

7 인사의 중요성으로 바르지 않은 내용은?

① 서비스의 주요 기법 중 하나이다.
② 쉽지 않고 어려운 행동이므로 생활화되지 않으면 실천에 옮기기 어렵다.
③ 승객과 만나는 첫걸음이다.
④ 애사심, 존경심, 우애, 자신의 교양 및 인격의 표현이다.

● Advice 인사는 평범하고도 대단히 쉬운 행동이지만 생활화되지 않으면 실천에 옮기기 어렵다.

8 긍정적인 이미지를 만들기 위한 5요소로 보기 어려운 것은?

① 시선처리 ② 음성관리
③ 표정관리 ④ 차량관리

● Advice 긍정적인 이미지를 만들기 위한 5요소
㉠ 시선처리(눈빛)
㉡ 음성관리(목소리)
㉢ 표정관리(미소)
㉣ 용모복장(단정한 용모)
㉤ 제스쳐(비언어적요소인 손짓, 자세)

9 서비스의 첫 동작이자 마지막 동작은 무엇인가?

① 눈빛   ② 인사
③ 복장   ④ 외모

● Advice 서비스의 첫 동작이자 마지막 동작은 인사로서 서로 만나거나 헤어질 때 말·태도 등으로 존경, 사랑, 우정을 표현하는 행동양식이다.

정답 ▶ 5.① 6.③ 7.② 8.④ 9.②

10 상사에게는 존경심을 동료에게는 우애와 친밀감을 표현할 수 있는 수단은?

① 능력
② 배려
③ 인사
④ 관심

> **Advice** 인사는 상대의 인격을 존중하고 배려하기 위한 수단으로 상사에게는 존경심을 동료에게는 우애와 친밀감을 표현할 수 있는 수단이다.

11 올바른 인사방법으로 적절한 것은?

① 뒷짐을 지고 하는 인사
② 머리만 까딱거리는 인사
③ 표정이 밝고 부드러운 미소를 짓는 인사
④ 턱을 쳐들고 하는 인사

> **Advice** 올바른 인사
> ㉠ **표정**: 밝고 부드러운 미소를 짓는다.
> ㉡ **고개**: 반듯하게 들되, 턱을 내밀지 않고 자연스럽게 당긴다.
> ㉢ **시선**: 인사 전·후에 상대방의 눈을 정면으로 바라보며, 상대방을 진심으로 존중하는 마음을 눈빛에 담아 인사한다.
> ㉣ **머리와 상체**: 일직선이 되도록 하며 천천히 숙인다.

12 기본적인 예의를 표현하는 가벼운 인사의 각도는?

① 15°
② 30°
③ 45°
④ 60°

> **Advice** 기본적인 예의를 표현하는 가벼운 인사인 목례는 15° 숙인다.

13 마음속의 감정이나 정서 따위의 심리 상태가 얼굴에 나타난 모습을 말하는 것은?

① 인사
② 표정
③ 음성
④ 행동

> **Advice** 표정은 마음속의 감정이나 정서 따위의 심리상태가 얼굴에 나타난 모습을 말하며, 다분히 주관적이고 순간순간 변할 수 있고 다양하다.

14 표정의 중요성으로 올바르지 못한 것은?

① 밝고 환한 표정은 첫인상을 좋게 만든다.
② 좋은 첫인상은 긍정적인 호감도로 이어진다.
③ 업무의 집중도를 높여 급여를 높일 수 있다.
④ 밝은 표정과 미소는 신체와 정신 건강을 향상시킨다.

> **Advice** 표정의 중요성
> ㉠ 밝고 환한 표정은 첫인상을 좋게 만든다.
> ㉡ 첫인상은 대면 직후 결정되는 경우가 많다.
> ㉢ 좋은 첫인상은 긍정적인 호감도로 이어진다.
> ㉣ 상대방과의 원활하고 친근한 관계를 만들어 준다.
> ㉤ 업무 효과를 높일 수 있다.
> ㉥ 밝은 표정은 호감 가는 이미지를 형성하여 사회생활에 도움을 준다.
> ㉦ 밝은 표정과 미소는 신체와 정신 건강을 향상시킨다.

정답 10.③ 11.③ 12.① 13.② 14.③

15 승객 응대 마음가짐 10가지에 해당하지 않는 것은?

① 사명감을 가진다.
② 경영자의 입장에서 생각한다.
③ 항상 긍정적으로 생각한다.
④ 자신감을 갖고 행동한다.

● Advice 승객 응대 마음가짐 10가지
㉠ 사명감을 가진다.
㉡ 승객의 입장에서 생각한다.
㉢ 편안하게 대한다.
㉣ 항상 긍정적으로 생각한다.
㉤ 승객이 호감을 갖도록 한다.
㉥ 공사를 구분하고 공평하게 대한다.
㉦ 승객의 니즈를 파악하려고 노력한다.
㉧ 예의를 지키며 겸손하게 대한다.
㉨ 자신감을 갖고 행동한다.
㉩ 개선할 사항은 변명보다 수용의 자세를 통해 개선한다.

16 악수에 대한 설명으로 틀린 것은?

① 악수는 상대방과의 신체접촉을 통한 친밀감을 표현하는 행위로 바른 동작이 필요하다.
② 상대방이 악수를 청할 경우 먼저 가볍게 목례를 한 후 오른손을 내민다.
③ 악수를 할 때 손을 놓치지 않기 위해 손을 꽉 잡아 손을 흔들며 친근감을 표시한다.
④ 악수하는 도중 상대방의 시선을 피하거나 다른 곳을 응시하여서는 아니 된다.

● Advice ③ 악수하는 손을 흔들거나, 손을 꽉 잡거나, 손끝만 잡는 것은 좋은 태도가 아니다.

17 단정한 용모와 복장의 중요성에 대한 내용으로 틀린 것은?

① 승객이 받는 첫인상을 결정한다.
② 개인의 이미지를 좌우하는 요인을 제공한다.
③ 활기찬 직장 분위기 조성에 영향을 준다.
④ 하는 일의 성과에 영향을 미친다.

● Advice 회사의 이미지를 좌우하는 요인을 제공한다.

18 다음 중 근무복장에 대한 입장이 다른 하나는?

① 시각적인 안정감과 편안함을 승객에게 전달할 수 있다.
② 소속감 및 애사심 등 심리적인 효과를 유발시킬 수 있다.
③ 승객에게 신뢰감을 줄 수 있다.
④ 효율적이고 능동적인 업무처리에 도움을 줄 수 있다.

● Advice ③ 종사자 입장
①②④ 운수업체 입장

19 복장의 기본원칙으로 보기 어려운 것은?

① 깨끗   ② 단정
③ 품위   ④ 개성

● Advice 복장의 기본원칙 … 깨끗하게, 단정하게, 품위 있게, 규정에 맞게, 통일감 있게, 계절에 맞게, 편한 신발을 신되, 샌들이나 슬리퍼는 삼가야 한다.

정답 ▶ 15.② 16.③ 17.② 18.③ 19.④

20 승객에게 불쾌감을 주는 몸가짐으로 볼 수 없는 것은?

① 충혈 되어 있는 눈
② 정리된 수염자국
③ 지저분한 손톱
④ 무표정한 얼굴

● Advice 승객에게 불쾌감을 주는 몸가짐
㉠ 충혈되어 있는 눈
㉡ 잠잔 흔적이 남아 있는 머릿결
㉢ 정리되지 않은 덥수룩한 수염
㉣ 길게 자란 코털
㉤ 지저분한 손톱
㉥ 무표정한 얼굴

21 의견, 정보, 지식, 가치관, 기호, 감정 등을 전달하거나 교환함으로써 상대방과 소통해 나가는 과정을 무엇이라 하는가?

① 인사
② 악수
③ 대화
④ 표정

● Advice 대화는 정보전달 및 교환, 감정의 표현 의미로 의견, 정보, 지식, 가치관, 기호, 감정 등을 전달하거나 교환함으로써 상대방과 소통해 나가는 과정이다.

22 대화의 원칙에 해당하지 않는 것은?

① 밝고 적극적으로 말한다.
② 규정에 맞게 말한다.
③ 명료하게 말한다.
④ 품위있게 말한다.

● Advice 대화의 원칙
㉠ 밝고 적극적으로 말한다.
㉡ 공손하게 말한다.
㉢ 명료하게 말한다.
㉣ 품위 있게 말한다.
㉤ 상대방의 입장을 고려해 말한다.

23 다음 중 승객이나 상사에게 말을 걸 때 사용하는 언어는?

① 겸양어
② 정중어
③ 존경어
④ 지칭어

● Advice 존경어는 사람이나 사물을 높여 말해 직접적으로 상대에 대해 경의를 나타내는 말이다.

24 회사의 일을 승객에게 말을 할 때 사용하는 언어는?

① 존경어
② 겸양어
③ 정중어
④ 조화어

● Advice 겸양어란 자신의 동작이나 자신과 관련된 것을 낮추어 말해 간접적으로 상대를 높이는 말이다.

25 대화 시 말하는 입장에 해당하는 것은?

① 흥미와 성의를 가지고 경청한다.
② 맞장구를 치며 경청한다.
③ 모르면 질문하여 물어본다.
④ 상대방의 눈을 부드럽게 주시한다.

● Advice ①②③ 듣는 입장에 해당한다.

정답 20.② 21.③ 22.② 23.③ 24.② 25.④

26 대화할 때 주의사항으로 듣는 입장에서의 주의사항에 해당하는 것은?

① 쉽게 흥분하거나 감정에 치우치지 않는다.
② 상대방의 약점을 잡아 말하는 것은 피한다.
③ 다른 곳을 바라보면서 말을 듣거나 말하지 않는다.
④ 전문적인 용어나 외래어를 남용하지 않는다.

● Advice ①②④ 말하는 입장에서의 주의사항에 해당한다.

27 다음 중 금연해야 하는 장소가 아닌 곳은?

① 보행중인 도로
② 택시 안
③ 승강장
④ 흡연구역

● Advice 금연해야 하는 장소 … 택시 안, 보행중인 도로, 승객대기실 또는 승강장, 금연식당 및 공공장소, 다른 사람에게 간접흡연의 영향을 줄 수 있는 장소, 사무실 내 등

28 직업이 갖는 의미에 해당하지 않는 것은?

① 경제적 의미   ② 사회적 의미
③ 심리적 의미   ④ 베타적 의미

● Advice 직업의 의미
  ㉠ 경제적 의미
  ㉡ 사회적 의미
  ㉢ 심리적 의미

29 담배꽁초를 처리하는 경우 주의해야 할 사항으로 보기 어려운 것은?

① 담배꽁초는 반드시 재떨이에 버린다.
② 차창 밖으로 버리지 않는다.
③ 화장실 변기에 버린다.
④ 꽁초를 발로 비벼 끄지 않는다.

● Advice 담배꽁초를 처리하는 경우 주의해야 할 사항
  ㉠ 담배꽁초는 반드시 재떨이에 버린다.
  ㉡ 차창 밖으로 버리지 않는다.
  ㉢ 화장실 변기에 버리지 않는다.
  ㉣ 꽁초를 바닥에다 버리지 않으며, 발로 비벼 끄지 않는다.
  ㉤ 꽁초를 손가락으로 튕겨 버리지 않는다.

30 다음 설명 중 가장 옳지 않은 것은?

① 지위 지향적 직업관은 직업생활의 최고 목표는 높은 지위에 올라가는 것이라고 생각한다.
② 귀속적 직업관은 능력으로 인정받으려 하지 않고 학연과 지연에 의지한다.
③ 생계유지 수단적 직업관은 직업을 생계를 유지하기 위한 수단으로 본다.
④ 차별적 직업관은 신분이나 성별 등에 따라 개인의 능력을 발휘할 기회를 차단한다.

● Advice 차별적 직업관은 육체노동을 천시한다.

정답 ▶ 26.③ 27.④ 28.④ 29.③ 30.④

31 특정한 개인이나 사회의 구성원들이 직업에 대해 갖고 있는 태도나 가치관을 의미하는 것은?

① 가치관 ② 직업관
③ 인생관 ④ 인간관

● Advice 직업관 … 특정한 개인이나 사회의 구성원들이 직업에 대해 갖고 있는 태도나 가치관을 말한다. 생계유지의 수단, 개성발휘의 장, 사회적 역할의 실현 등 서로 상응관계에 있는 3가지 측면에서 직업을 인식할 수 있으나, 어느 측면을 보다 강조하느냐에 따라 각기 특유의 직업관이 성립된다.

32 바람직한 직업관에 해당하지 않는 것은?

① 소명의식을 지닌 직업관
② 사회구성원으로서의 역할 지향적 직업관
③ 미래 지향적 전문능력 중심의 직업관
④ 지위 지향적 직업관

● Advice ④ 잘못된 직업관에 해당한다.

33 사람은 각자의 직업을 통해서 사회의 각종 기능을 수행하고, 직접 또는 간접으로 사회구성원으로서 마땅히 해야 할 본분을 다해야 한다는 직업윤리는?

① 소명의식 ② 천직의식
③ 직분의식 ④ 전문의식

● Advice ① 직업에 종사하는 사람이 어떠한 일을 하든지 자신이 하는 일에 전력을 다하는 것이 하늘의 뜻에 따르는 것이라고 생각하는 것
② 자신이 하는 일보다 다른 사람의 직업이 수입도 많고 지위가 높더라도 자신의 직업에 긍지를 느끼며, 그 일에 열성을 가지고 성실히 임하는 것
④ 직업인은 자신의 직무를 수행하는데 필요한 전문적 지식과 기술을 갖추어야 하는 것

34 직업에 대한 사회적 역할과 직무를 충실히 수행하고, 맡은 바 임무나 의무를 다해야 한다는 직업윤리는?

① 봉사정신 ② 전문의식
③ 소명의식 ④ 책임의식

● Advice ① 현대 산업사회에서 직업 환경의 변화와 직업의식의 강화는 자신의 직무 수행과정에서 협동정신 등이 필요로 하게 되었다.
② 직업인은 자신의 직무를 수행하는데 필요한 전문적 지식과 기술을 갖추어야 한다.
③ 직업에 종사하는 사람이 어떠한 일을 하든지 자신이 하는 일에 전력을 다하는 것이 하늘의 뜻에 따르는 것이라고 생각하는 것이다.

35 직업의 내재적 가치에 대한 설명으로 옳은 것은?

① 자신에게 있어서 직업을 도구적인 면에 가치를 둔다.
② 삶을 유지하기 위한 경제적인 도구나 권력을 추구하고자 하는 수단을 중시하는데 의미를 둔다.
③ 자신의 능력을 최대한 발휘하길 원하며, 그로 인한 사회적인 헌신과 인간관계를 중시한다.
④ 직업이 주는 사회 인식에 초점을 맞추려는 경향을 갖는다.

● Advice ①②④ 외재적 가치에 해당한다.

정답 31.② 32.④ 33.③ 34.④ 35.③

02 운송사업자 및 운수종사자 준수사항

01 운송사업자 준수사항

(1) 운송사업자의 준수사항

① 택시운송사업자는 차량의 입·출고 내역, 영업거리 및 시간 등 택시 미터기에서 생성되는 택시운송사업용 자동차의 운행정보를 1년 이상 보존하여야 한다.

② 일반택시운송사업자는 소속 운수종사자가 아닌 자에게 관계 법령상 허용되는 경우를 제외하고는 운송사업용 자동차를 제공하여서는 아니 된다.

(2) 자동차의 장치 및 설비 등에 관한 준수사항
(택시운송사업용 자동차 및 수요응답형 여객자동차)

① 택시운송사업용 자동차의 안에는 여객이 쉽게 볼 수 있는 위치에 요금미터기를 설치해야 한다.

② 대형 및 모범형 택시운송사업용 자동차에는 요금영수증 발급과 신용카드 결제가 가능하도록 관련기기를 설치해야 한다.

③ 택시운송사업용 자동차 및 수요응답형 여객자동차 안에는 난방장치 및 냉방장치를 설치해야 한다.

④ 택시운송사업용 자동차 윗부분에는 택시운송사업용 자동차임을 표시하는 설비를 설치하고, 빈차로 운행 중일 때에는 외부에서 빈차임을 알 수 있도록 하는 조명장치가 자동으로 작동되는 설비를 갖춰야 한다.

⑤ 대형 및 모범형 택시운송사업용 자동차에는 호출설비를 갖춰야 한다.

⑥ 택시운송사업자는 택시 미터기에서 생성되는 택시운송사업용 자동차 운행정보의 수집·저장 장치 및 정보의 조작을 막을 수 있는 장치를 갖추어야 한다.

⑦ 수요응답형 여객자동차에는 시·도지사가 정하는 수요응답 시스템을 갖추어야 한다.

⑧ 그 밖에 국토교통부장관이나 시·도지사가 지시하는 설비를 갖춰야 한다.

02 운수종사자 준수사항

① 영수증발급기 및 신용카드결제기를 설치해야 하는 택시의 경우 승객이 요구하면 영수증의 발급 또는 신용카드결제에 응해야 한다.

② 택시운송사업의 운수종사자는 승객이 탑승하고 있는 동안에는 미터기를 사용하여 운행해야 한다.

실전 연습문제

1 운송사업자의 준수사항으로 옳지 않은 것은?

① 운송사업자는 노약자·장애인 등에 대해서는 특별한 편의를 제공해야 한다.
② 운송사업자는 자동차를 항상 깨끗하게 유지하여야 한다.
③ 운송사업자 승객을 위한 자동차 내 전자기기 충전기 등을 설치 후 구비하여야 한다.
④ 운송사업자는 속도제한 장치 또는 운행기록계가 장착된 운송사업용 자동차를 해당 장치 또는 기기가 정상적으로 작동되는 상태에서 운행되도록 해야 한다.

● Advice 운송사업자(개인택시운송사업자 및 특수여객자동차운송사업자는 제외한다)는 운수종사자를 위한 휴게실 또는 대기실에 난방장치, 냉방장치 및 음수대 등 편의시설을 설치해야 한다.

2 운송사업자는 승객이 자동차 안에서 쉽게 볼 수 있는 위치에 택시운송사업자가 앞좌석의 승객과 뒷좌석의 승객이 각각 볼 수 있도록 2곳 이상에 게시하여야 하는 정보가 아닌 것은(단, 대형(승합자동차를 사용하는 경우로 한정한다.) 및 고급형 택시운송사업자는 제외한다)?

① 사명(개인택시운송사업자의 경우는 게시하지 아니한다)
② 자동차 연비
③ 자동차 번호
④ 운전자 성명

● Advice 운송사업자[대형(승합자동차를 사용하는 경우로 한정한다.) 및 고급형 택시운송사업자는 제외한다]는 다음의 사항을 승객이 자동차 안에서 쉽게 볼 수 있는 위치에 게시하여야 한다. 이 경우 택시운송사업자는 앞좌석의 승객과 뒷좌석의 승객이 각각 볼 수 있도록 2곳 이상에 게시하여야 한다.
㉠ 회사명(개인택시운송사업자의 경우는 게시하지 아니한다.)
㉡ 자동차 번호
㉢ 운전자 성명
㉣ 불편사항 연락처 및 차고지 등을 적은 표지판

3 택시운송사업자가 차량의 입·출고 내역, 영업거리 및 시간 등 택시 미터기에서 생성되는 택시운송사업용 자동차의 운행정보를 보존하여야 하는 기간은? (단, 대형(승합자동차를 사용하는 경우로 한정한다) 및 고급형 택시운송사업자는 제외한다)

① 3개월
② 6개월
③ 9개월
④ 1년 이상

● Advice 택시운송사업자[대형(승합자동차를 사용하는 경우로 한정한다) 및 고급형 택시운송사업자는 제외한다]는 차량의 입·출고 내역, 영업거리 및 시간 등 택시 미터기에서 생성되는 택시운송 사업용 자동차의 운행정보를 1년 이상 보존하여야 한다.

정답 ▶ 1.③ 2.② 3.④

4 택시운송사업용 자동차 및 수요응답형 여객자동차에 관한 준수사항으로 옳지 않은 것은?

① 택시운송사업용 자동차[대형(승합자동차를 사용하는 경우로 한정한다) 및 고급형 택시운송사업용 자동차는 제외한다]의 안에는 여객이 쉽게 볼 수 없는 곳에 요금미터기를 설치해야 한다.
② 대형(승합자동차를 사용하는 경우는 제외한다) 및 모범형 택시운송사업용 자동차에는 요금영수증 발급과 신용카드 결제가 가능하도록 관련기기를 설치해야 한다.
③ 택시운송사업용 자동차 및 수요응답형 여객자동차 안에는 난방장치 및 냉방장치를 설치해야 한다.
④ 대형(승합자동차를 사용하는 경우는 제외한다) 및 모범형 택시운송사업용 자동차에는 호출설비를 갖춰야 한다.

● Advice ① 택시운송사업용 자동차[대형(승합자동차를 사용하는 경우로 한정한다) 및 고급형 택시운송사업용 자동차는 제외한다]의 안에는 여객이 쉽게 볼 수 있는 위치에 요금미터기를 설치해야 한다.

5 운송사업자는 운수종사자로 하여금 여객을 운송할 때 ( )을 성실하게 지키도록 하고, 이를 항시 지도 · 감독해야 한다. ( )에 해당하는 내용으로 옳지 아닌 것은?

① 정류소 또는 택시승차대에서 주차 또는 정차할 때에는 질서를 문란하게 하는 일이 없도록 할 것
② 위험방지를 위한 운송사업자 · 경찰공무원 또는 도로관리청 등의 조치에 응하도록 할 것
③ 교통사고를 일으켰을 때에는 긴급조치 및 신고의 의무를 충실하게 이행하도록 할 것
④ 자동차의 차체가 헐었거나 망가진 상태에 있을 때에는 운행을 마무리 한 후 즉시 조치를 취할 것

● Advice ④ 자동차의 차체가 헐었거나 망가진 상태로 운행하지 않도록 할 것

6 운수종사자의 준수사항으로 옳지 않은 것은?

① 여객의 안전과 사고예방을 위하여 운행 전 사업용 자동차의 안선설비 및 등화장치 등의 이상 유무를 확인해야 한다.
② 관계 공무원으로부터 운전면허증, 신분증 또는 자격증의 제시 요구를 할 시 운송사업자에게 보고를 받은 후 이에 따른다.
③ 영수증발급기 및 신용카드결제기를 설치해야 하는 택시의 경우 승객이 요구하면 영수증의 발급 또는 신용카드결제에 응해야 한다.
④ 관할관청이 필요하다고 인정하여 복장 및 모자를 지정할 경우에는 그 지정 된 복장과 모자를 착용하고, 용모를 항상 단정하게 해야 한다.

● Advice ② 관계 공무원으로부터 운전면허증, 신분증 또는 자격증의 제시 요구를 받으면 즉시 이에 따라야 한다.

정답 ▶ 4.① 5.④ 6.②

03 운수종사자의 기본 소양

01 운전예절

(1) 운전자가 가져야 할 기본자세
① 교통법규 이해와 준수
② 여유 있는 양보운전
③ 주의력 집중
④ 심신상태 안정
⑤ 추측운전 금지
⑥ 운전기술 과신은 금물
⑦ 배출가스로 인한 대기오염 및 소음공해 최소화 노력

(2) 운전예절의 중요성
① 사람은 일상생활의 대인관계에서 예의범절을 중시하고 있다.
② 사람의 됨됨이는 그 사람이 얼마나 예의 바른가에 따라 가늠하기도 한다.
③ 예절바른 운전습관은 명랑한 교통질서를 유지하고, 교통사고를 예방할 뿐만 아니라 교통문화 선진화의 지름길이 될 수 있다.

02 운전자 상식

(1) 여객자동차 운수사업법에 따른 중대한 교통사고
① 전복(顚覆)사고
② 화재가 발생한 사고
③ 사망자 2명 이상 발생한 사고
④ 사망자 1명과 중상자 3명 이상이 발생한 사고
⑤ 중상자 6명 이상이 발생한 사고

(2) 자동차 및 자동차부품의 성능과 기준에 관한 규칙에 따른 자동차와 관련된 용어
① **공차상태** : 자동차에 사람이 승차하지 아니하고 물품을 적재하지 아니한 상태로서 연료·냉각수 및 윤활유를 만재하고 예비타이어를 설치하여 운행할 수 있는 상태를 말한다.
② **차량중량** : 공차상태의 자동차 중량을 말한다.
③ **적차상태** : 공차상태의 자동차에 승차정원의 인원이 승차하고 최대적재량의 물품이 적재된 상태를 말한다.
④ **차량총중량** : 적차상태의 자동차의 중량을 말한다
⑤ **승차정원** : 자동차에 승차할 수 있도록 허용된 최대인원을 말한다.

(3) 교통사고 현장에서의 상황별 안전조치
① 짧은 시간 안에 사고 정보를 수집하여 침착하고 신속하게 상황을 파악한다.
② 피해자와 구조자 등에게 위험이 계속 발생하는지 파악한다.
③ 생명이 위독한 환자가 누구인지 파악한다.

④ 구조를 도와줄 사람이 주변에 있는지 파악한다.
⑤ 전문가의 도움이 필요한지 파악한다.

(4) 교통사고 현장에서의 원인조사

① 스키드마크, 요마크, 프린트 자국 등 타이어 자국의 위치 및 방향
② 차의 금속 부분이 노면에 접촉하여 생긴 파인 흔적 또는 긁힌 흔적의 위치 및 방향
③ 충돌 충격에 의한 차량 파손품의 위치 및 방향
④ 충돌 후에 떨어진 액체잔존물의 위치 및 방향
⑤ 차량 적재물의 낙하 위치 및 방향
⑥ 피해자의 유류품(遺留品) 및 혈흔 자국
⑦ 도로구조물 및 안전시설물의 파손 위치 및 방향

(5) 교통관련 법규 및 사내 안전관리 규정 준수

① 배치지시 없이 임의 운행금지
② 정당한 사유 없이 지시된 운행노선을 임의로 변경운행 금지
③ 승차 지시된 운전자 이외의 타인에 내리순진 금지
④ 사전승인 없이 타인을 승차시키는 행위 금지
⑤ 운전에 악영향을 미치는 음주 및 약물복용 후 운전 금지
⑥ 철길건널목에서는 일시정지 준수 및 정차 금지
⑦ 도로교통법에 따라 취득한 운전면허로 운전할 수 있는 차종 이외의 차량 운전금지
⑧ 자동차 전용도로, 급한 경사길 등에서는 주정차 금지
⑨ 기타 사회적인 물의를 일으키거나 회사의 신뢰를 추락시키는 난폭운전 등의 운전 금지
⑩ 차는 이동하는 회사 도구로써 청결 유지. 차의 내·외부를 청결하게 관리하여 쾌적한 운행환경 유지

(6) 운행 중 주의

① 주·정차 후 출발할 때에는 차량 주변의 보행자, 승·하차자 및 노상취객 등을 확인한 후 안전하게 운행한다.
② 내리막길에서는 풋 브레이크를 장시간 사용하지 않고, 엔진 브레이크 등을 적절히 사용하여 안전하게 운행한다.
③ 보행자, 이륜차, 자전거 등과 교행, 나란히 진행할 때에는 서행하며 안전거리를 유지하면서 운행한다.
④ 후진할 때에는 유도 요원을 배치하여 수신호에 따라 안전하게 후진한다.
⑤ 후방카메라를 설치한 경우에는 카메라를 통해 후방의 이상 유무를 확인한 후 안전하게 후진한다.
⑥ 눈길, 빙판길 등은 체인이나 스노타이어를 장착한 후 안전하게 운행한다.
⑦ 뒤따라오는 차량이 추월하는 경우에는 감속 등을 통해 양보운전을 한다.

03 응급처치방법

(1) 부상자 의식 상태 확인

① 말을 걸거나 팔을 꼬집어 눈동자를 확인한 후 의식이 있으면 말로 안심시킨다.
② 의식이 없다면 기도를 확보한다. 머리를 뒤로 충분히 젖힌 뒤, 입안에 있는 피나 토한 음식물 등을 긁어내어 막힌 기도를 확보한다.
③ 의식이 없거나 구토할 때는 목이 오물로 막혀 질식하지 않도록 옆으로 눕힌다.
④ 목뼈 손상의 가능성이 있는 경우에는 목 뒤쪽을 한 손으로 받쳐준다.
⑤ 환자의 몸을 심하게 흔드는 것은 금지한다.

(2) 심폐소생술

① 의식/호흡 확인 및 주변 도움 요청(119 신고, 자동제세동기)
  ㉠ 성인 및 소아 : 환자를 바로 눕힌 후 양쪽 어깨를 가볍게 두드리며 의식이 있는지, 숨을 정상적으로 쉬는지 확인. 주변 사람들에게 119 신고 및 자동제세동기를 가져올 것을 요청
  ㉡ 영아 : 한쪽 발바닥을 가볍게 두드리며 의식이 있는지, 숨을 정상적으로 쉬는지 확인. 주변 사람들에게 119 신고 및 자동제세동기를 가져올 것을 요청

② 가슴 압박 30회
  ㉠ 성인, 소아 : 가슴압박 30회(분당 100~120회/ 약 5cm 이상의 깊이)
  ㉡ 영아 : 가슴압박 30회(분당 100~120회/ 약 4cm 이상의 깊이)

③ 기도개방 및 인공호흡 2회 : 성인, 소아, 영아 : 가슴이 충분히 올라올 정도로 2회(1회당 1초간) 실시

④ 가슴압박 및 인공호흡 무한 반복 : 30회 가슴 압박과 2회 인공호흡 반복(30:2)

⑤ 참고 : 2015 한국형 심폐소생술 가이드 라인(일반인용)에 따르면, 인공호흡 하는 방법을 모르거나 인공호흡을 꺼리는 일반인 구조자는 가슴압박소생술을 하도록 권장한다. 가슴압박소생술은 심폐소생술에서 인공호흡은 하지 않고, 가슴 압박을 시행하는 소생술 방법이다.

(3) 출혈 및 골절

① 출혈이 심하다면 출혈 부위보다 심장에 가까운 부위를 헝겊 또는 손수건 등으로 지혈될 때까지 꽉 잡아맨다.

② 출혈이 적을 때에는 거즈나 깨끗한 손수건으로 상처를 꽉 누른다.

③ 가슴이나 배를 강하게 부딪쳐 내출혈이 발생하였을 때에는 얼굴이 창백해지며 핏기가 없어지고 식은땀을 흘리며 호흡이 얕고 빨라지는 쇼크증상이 발생한다.

④ 골절 부상자는 잘못 다루면 오히려 더 위험해질 수 있으므로 구급차가 올 때까지 가급적 기다리는 것이 바람직하다.

(4) 차멀미

① 차멀미는 자동차를 타면 어지럽고 속이 메스꺼우며 토하는 증상이 나타나는 것을 말한다.

② 차멀미는 심만 경우 갑자기 쓰러지고 안색이 창백하며 사지가 차가우면서 땀이 나는 허탈증상이 나타나기도 한다.

③ 차멀미 승객에 대해서는 세심하게 배려한다.
  ㉠ 환자의 경우는 통풍이 잘되고 비교적 흔들림이 적은 앞쪽으로 앉도록 한다.
  ㉡ 심한 경우에는 휴게소 내지는 안전하게 정차할 수 있는 곳에 정차하여 차에서 내려 시원한 공기를 마시도록 한다.
  ㉢ 차멀미 승객이 토할 경우를 대비해 위생봉지를 준비한다.
  ㉣ 차멀미 승객이 토한 경우에는 주변 승객이 불쾌하지 않도록 신속히 처리한다.

(5) 차량고장 시 운전자의 조치사항

① 정차 차량의 결함이 심할 때는 비상등을 점멸시키면서 길어깨(갓길)에 바짝 차를 대서 정차한다.

② 차에서 내릴 때에는 옆 차로의 차량 주행상황을 살핀 후 내린다.

③ 야간에는 밝은 색 옷이나 야광이 되는 옷을 착용하는 것이 좋다.

④ 비상전화를 하기 전에 차의 후방에 경고반사판을 설치해야 하며 특히 야간에는 주의를 기울인다.

⑤ 비상주차대에 정차할 때는 타 차량의 주행에 지장이 없도록 정차해야 한다.

실전 연습문제

1 타인도 쾌적하고 자신도 쾌적한 운전을 하기 위해서 모든 운전자가 준수해야 할 의식은?

① 교통질서 ② 법규준수
③ 소명의식 ④ 차량지식

● Advice 타인도 쾌적하고 자신도 쾌적한 운전을 하기 위해서는 모든 운전자가 교통질서를 준수하여야 한다.

2 사람의 생명은 이 세상 다른 무엇보다도 존귀하고 소중하며, 안전운행을 통해 인명손실을 예방할 수 있다는 사명은?

① 나부터 건강해야 타인도 건강
② 타인의 생명도 내 생명처럼 존중
③ 안전벨트는 생명벨트
④ 하나뿐인 소중한 내 생명

● Advice 타인의 생명도 내 생명처럼 존중 … 사람의 생명은 이 세상 다른 무엇보다도 존귀하고 소중하며, 안전운행을 통해 인명손실을 예방할 수 있다.

3 운전자가 가져야 할 기본자세에 해당하지 않는 것은?

① 교통법규 이해와 준수
② 여유 있는 과속운전
③ 추측운전 금지
④ 운전기술 과신은 금물

● Advice 운전자가 가져야 할 기본자세
㉠ 교통법규 이해와 준수
㉡ 여유 있는 양보운전
㉢ 주의력 집중
㉣ 심신상태 안정
㉤ 추측운전 금지
㉥ 운전기술 과신은 금물
㉦ 배출가스로 인한 대기오염 및 소음공해 최소화 노력

4 후천적으로 형성되는 조건반사 현상으로 무의식 중에 어떤 것을 반복적으로 행할 때 자신도 모르게 생활화된 행동으로 나타나는 것을 무엇이라 하는가?

① 사명 ② 인성
③ 습관 ④ 예절

● Advice 어떤 행위를 오랫동안 되풀이하는 과정에서 저절로 익혀진 것을 습관이라 한다.

정답 1.① 2.② 3.② 4.③

5 운전자가 삼가야 할 행동으로 틀린 것은?

① 지그재그 운전으로 다른 운전자를 불안하게 만드는 행동
② 저속으로 운행하다 정지신호에 브레이크를 밟는 행동
③ 운행 중 갑자기 끼어든 다른 운전자에게 욕설을 하는 행동
④ 갓길로 통행하는 행동

> ● Advice 운전자가 삼가야 할 행동
> ㉠ 지그재그 운전으로 다른 운전자를 불안하게 만드는 행동은 하지 않는다.
> ㉡ 과속으로 운행하며 급브레이크를 밟는 행위를 하지 않는다.
> ㉢ 운행 중에 갑자기 끼어들거나 다른 운전자에게 욕설을 하지 않는다.
> ㉣ 도로상에서 사고가 발생한 경우 차량을 세워 둔 채로 시비, 다툼 등의 행위로 다른 차량의 통행을 방해하지 않는다.
> ㉤ 운행 중에 갑자기 오디오 볼륨을 크게 작동시켜 승객을 놀라게 하거나, 경음기 버튼을 작동시켜 다른 운전자를 놀라게 하지 않는다.
> ㉥ 신호등이 바뀌기 전에 빨리 출발하라고 전조등을 깜빡이거나 경음기로 재촉하는 행위를 하지 않는다.
> ㉦ 교통 경찰관의 단속에 불응하거나 항의하는 행위를 하지 않는다.
> ㉧ 갓길로 통행하지 않는다.

6 교통사고조사규칙에 따른 대형사고에 대한 내용으로 적합한 것은?

① 10명 이상의 사상자가 발생한 사고
② 2명 이상이 사망하거나 10명 이상의 사상자가 발생한 사고
③ 3명 이상이 사망하거나 20명 이상의 사상자가 발생한 사고
④ 1명 이상이 사망하거나 15명 이상의 사상자가 발생한 사고

> ● Advice 교통사고조사규칙에 따른 대형사고란 다음과 같은 사고를 말한다.
> ㉠ 3명 이상이 사망(교통사고 발생일로부터 30일 이내에 사망한 것)
> ㉡ 20명 이상의 사상자가 발생한 사고

7 여객자동차 운수사업법에 따른 중대한 교통사고에 해당하지 않는 것은?

① 전복사고
② 화재가 발생한 사고
③ 사망자 2명 이상 발생한 사고
④ 사망자 1명과 중상자 1명 이상이 발생한 사고

> ● Advice 여객자동차 운수사업법에 따른 중대한 교통사고는 다음과 같은 사고를 말한다.
> ㉠ 전복사고
> ㉡ 화재가 발생한 사고
> ㉢ 사망자 2명 이상 발생한 사고
> ㉣ 사망자 1명과 중상자 3명 이상이 발생한 사고
> ㉤ 중상자 6명 이상이 발생한 사고

정답 ▶ 5.② 6.③ 7.④

8 다음 중 추돌사고에 대한 설명으로 적합한 것은?

① 차가 반대방향 또는 측방에서 진입하여 그 차의 정면으로 다른 차의 정면 또는 측면을 충격한 것
② 2대 이상의 차가 동일방향으로 주행 중 뒤차가 앞차의 후면을 충격한 것
③ 차가 추월, 교행 등을 하려다가 차의 좌우측면을 서로 스친 것
④ 차가 주행 중 도로 또는 도로 이외의 장소에 뒤집혀 넘어진 것

● Advice ① 충돌사고
③ 접촉사고
④ 전복사고

9 차가 수행 중 도로 또는 도로 이외의 장소에 차체의 측면이 지면에 접하고 있는 상태를 의미하는 용어는?

① 전복사고　　② 전도사고
③ 추락사고　　④ 접촉사고

● Advice 전도사고 … 차가 주행 중 도로 또는 도로 이외의 장소에 차체의 측면이 지면에 접하고 있는 상태(좌측면이 지면에 접해 있으면 좌전도, 우측면이 지면에 접해 있으면 우전도)를 말한다.

10 자동차가 도로의 절벽 등 높은 곳에서 떨어진 사고를 무엇이라 하는가?

① 전복사고　　② 전도사고
③ 추락사고　　④ 추돌사고

● Advice 추락사고 … 자동차가 도로의 절벽 등 높은 곳에서 떨어진 사고를 말한다.

11 자동차에 사람이 승차하지 아니하고 물품을 적재하지 아니한 상태로서 연료·냉각수 및 윤활유를 만재하고 예비타이어를 설치하여 운행할 수 있는 상태를 의미하는 용어는?

① 공차상태　　② 차량중량
③ 적차상태　　④ 차량총중량

● Advice ② 공차상태의 자동차 중량을 말한다.
③ 공차상태의 자동차에 승차정원의 인원이 승차하고 최대적재량의 물품이 적재된 상태를 말한다.
④ 적차상태의 자동차의 중량을 말한다.

12 교통사고 현장에서의 상황별 안전조치에 대한 성격이 다른 것은?

① 짧은 시간 안에 사고 정보를 수집하여 침착하고, 신속하게 상황을 파악한다.
② 구조를 도와줄 사람이 주변에 있는지 파악한다.
③ 사고위치에 노면표시를 한 후 도로 가장자리로 자동차를 이동시킨다.
④ 생명이 위독한 환자가 누구인지 파악한다.

● Advice ①②④ 교통사고 상황파악
③ 사고현장의 안전관리

13 심폐소생술에서 가슴압박은 분당 몇 회를 하여야 하는가?

① 60~80회　　② 80~100회
③ 100~120회　④ 120~140회

● Advice 분당 100~120회의 속도로 강하고 빠르게 압박하여야 한다.

정답 8.② 9.② 10.③ 11.① 12.③ 13.③

14 교통사고 현장에서의 원인조사 중 노면에 나타난 흔적조사에 대한 설명으로 틀린 것은?

① 스키드마크, 요마크, 프린트자국 등 타이어 자국의 위치 및 방향을 조사한다.
② 충돌 충격에 의한 차량파손품의 위치 및 방향을 조사한다.
③ 피해자의 유류품 및 혈흔자국을 조사한다.
④ 사고지점 부근의 가로등, 가로수, 전신주 등의 시설물 위치를 조사한다.

● Advice ④ 사고현장 시설물조사에 해당한다.

15 교통관련 법규 및 사내 안전관리 규정으로 옳지 않은 것은?

① 필요 시 배차지시가 없어도 임시로 운행
② 승차 지시된 운전자 이외의 타인에게 대리운전 금지
③ 운전에 악영향을 미치는 음주 및 약물복용 후 운전 금지
④ 기타 사회적인 물의를 일으키거나 회사의 신뢰를 추락시키는 난폭운전 등의 운전 금지

● Advice ① 배차지시 없이 임의 운행금지

16 운행 전 준비사항에 대하여 옳지 않은 것은??

① 용모 및 복장 확인
② 배차사항, 지시 및 전달사항 등을 확인한 후 운행
③ 차의 내·외부를 항상 청결하게 유지
④ 운행 전 일상점검을 철저히 하고 이상이 발견되면 운행 완료 후 관리자에게 보고

● Advice ④ 운행 전 일상점검을 철저히 하고 이상이 발견되면 관리자에게 즉시 보고하여 조치 받은 후 운행

17 운행 중 주의사항에 대하여 옳지 않은 것은?

① 주·정차 후 출발할 때에는 차량주변의 보행자, 승·하차 및 노상취객 등을 확인한 후 안전하게 운행한다.
② 내리막길에서는 엔진 브레이크를 사용하지 않고, 풋 브레이크를 적절히 사용하여 안전하게 운행한다.
③ 눈길, 빙판길 등은 체인이나 스노타이어를 장착한 후 안전하게 운행한다.
④ 뒤따라오는 차량이 추월하는 경우에는 감속 등을 통해 양보운전을 한다.

● Advice ② 내리막길에서는 풋 브레이크를 장시간 사용하지 않고, 엔진 브레이크 등을 적절히 사용하여 안전하게 운행한다.

18 의식이 없는 환자에게 가슴압박과 인공호흡을 통해 심폐소생술을 하려고 할 때 몇 회씩 반복하여야 하는가?

① 20회 가슴압박과 1회 인공호흡 반복 실시
② 20회 가슴압박과 2회 인공호흡 반복 실시
③ 30회 가슴압박과 2회 인공호흡 반복 실시
④ 30회 가슴압박과 1회 인공호흡 반복 실시

● Advice 30회 가슴압박과 2회 인공호흡 반복 실시하도록 한다.

정답 ▶ 14.④ 15.① 16.④ 17.② 18.③

19 교통사고에 따른 조치사항으로 옳지 않은 것은?

① 교통사고를 발생시켰을 때에는 도로교통법령에 따라 현장에서의 인명구호, 관할경찰서 신고 등의 의무를 성실히 이행한다.
② 급박한 상황의 경우 임의로 사고를 처리한 후 회사에 보고한다.
③ 사고발생 경위를 육하원칙에 따라 거짓 없이 정확하게 회사에 보고한다.
④ 사고처리 결과에 대해 개인적으로 통보를 받았을 때에는 회사에 보고한 후 회사의 지시에 따라 조치한다.

● Advice ② 어떤 사고라도 임의로 처리하지 말고, 사고발생 경위를 육하원칙에 따라 거짓 없이 정확하게 회사에 보고한다.

20 다음 중 부상자 의식 상태를 확인하기 위한 방법으로 옳지 않은 것은?

① 말을 걸거나 팔을 꼬집어 눈동자를 확인한 후 의식이 있으면 말로 안심시킨다.
② 의식이 없다면 기도를 확보한다.
③ 의식이 없거나 구토할 때는 목이 오물로 막혀 질식하지 않도록 앞으로 눕힌다.
④ 목뼈 손상의 가능성이 있는 경우에는 목 뒤쪽을 한 손으로 받쳐준다.

● Advice ③ 의식이 없거나 구토할 때는 목이 오물로 막혀 질식하지 않도록 옆으로 눕힌다.

21 기도개방 및 인공호흡을 하는 방법으로 적당한 것은?

① 가슴이 충분히 올라올 정도로 1회 실시한다.
② 가슴이 충분히 올라올 정도로 2회 실시한다.
③ 가슴이 충분히 내려갈 정도로 1회 실시한다.
④ 가슴이 충분히 내려갈 정도로 2회 실시한다.

● Advice 인공호흡은 가슴이 충분히 올라올 정도로 2회(1회당 1초간) 실시한다.

22 성인에게 가슴압박 방법으로 심폐소생술을 실시할 경우 틀린 설명은?

① 가슴의 중앙인 흉골의 아래쪽 절반부위에 손바닥을 위치시킨다.
② 양손을 깍지 낀 상태로 손바닥의 아래 부위만을 환자의 흉골부위에 접촉시킨다
③ 시술자의 어깨는 환자의 흉골이 맞닿는 부위와 수직이 되게 위치시킨다.
④ 양쪽 어깨 힘을 이용하여 분당 100~120회 정도의 속도로 4cm 이상 깊이로 강하고 빠르게 30회 눌러준다.

● Advice ④ 양쪽 어깨 힘을 이용하여 분당 100~120회 정도의 속도로 5cm 이상 깊이로 강하고 빠르게 30회 눌러준다.

23 소아의 가슴압박은 어떻게 실시하여야 하는가?

① 두 손으로 실시한다.
② 실시하지 않는다.
③ 한 손으로 실시한다.
④ 두 손가락으로 실시한다.

● Advice 소아의 가슴압박은 가급적 한 손으로 실시한다.

정답 ▶ 19.② 20.③ 21.② 22.④ 23.③

24 영아에게 가슴압박 방법으로 심폐소생술을 실시할 경우 옳은 설명은?

① 1분당 80~100회의 속도와 4cm 이상의 깊이로 강하고 빠르게 30회 눌러준다.
② 1분당 100~120회의 속도와 4cm 이상의 깊이로 강하고 빠르게 30회 눌러준다.
③ 1분당 80~100회의 속도와 5cm 이상의 깊이로 강하고 빠르게 30회 눌러준다.
④ 1분당 100~120회의 속도와 5cm 이상의 깊이로 강하고 빠르게 30회 눌러준다.

● Advice 1분당 100~120회의 속도와 4cm 이상의 깊이로 강하고 빠르게 30회 눌러준다.

25 영아의 가슴압박은 어떻게 실시하여야 하는가?

① 두 손으로 실시한다.
② 한 손으로 실시한다.
③ 한 손가락으로 실시한다.
④ 두 손가락으로 실시한다.

● Advice 검지와 중지 또는 중지와 약지 손가락을 모은 후 첫마디 부위를 환자의 흉골부위에 접촉시킨다.

26 교통사고가 발생하였을 경우 운전자가 가장 중요하게 처리하여야 하는 것은?

① 사고피해의 정도를 조사하는 것
② 2차 사고의 방지를 위한 조치를 하는 것
③ 상대방의 과실이 어느 정도인지 파악하는 것
④ 차량의 피해 사실을 연락하는 것

● Advice 교통사고가 발생했을 때 운전자는 무엇보다도 사고피해를 최소화 하는 것과 제2차 사고 방지를 위한 조치를 우선적으로 취해야 한다.

27 출혈이 발생한 환자를 발견한 경우 응급처치방법으로 틀린 것은?

① 출혈이 심하다면 출혈부위보다 심장에 가까운 부위를 헝겊 또는 손수건 등으로 지혈될 때까지 꽉 잡아맨다.
② 출혈이 적을 때에는 거즈나 깨끗한 손수건으로 상처를 꽉 누른다.
③ 얼굴이 창백해지며 핏기가 없어지고 식은땀을 흘리며 호흡이 얕고 빨라지는 쇼크증상이 발생하면 내출혈을 의심하여야 한다.
④ 내출혈로 의심되는 경우 부상자가 춥지 않게 모포 등으로 덮어주고 햇볕을 쬐도록 한다.

● Advice 내출혈로 의심되는 환자의 경우 춥지 않도록 모포 등을 덮어주지만, 햇볕을 직접 쬐지 않도록 하여야 한다.

28 골절 부상자가 발생한 경우 응급처치방법으로 가장 적당한 것은?

① 지혈이 필요하면 손수건으로 눌러 지혈을 하도록 한다.
② 팔이 골절되었다면 헝겊으로 띠를 만들어 팔을 매단다.
③ 다리가 골절되었다면 헝겊으로 띠를 만들어 어깨에 매단다.
④ 구급차가 올 때까지 기다린다.

● Advice 골절 부상자를 잘못 다루면 오히려 더 위험해질 수 있으므로 구급차가 올 때까지 가급적 기다리는 것이 바람직하다.

정답 ▶ 24.② 25.④ 26.② 27.④ 28.④

29 자동차를 타면 어지럽고 속이 매스꺼우며 토하는 증상을 무엇이라 하는가?

① 불안
② 차멀미
③ 강박
④ 공황장애

● Advice 자동차를 타면 어지럽고 속이 메스꺼우며 구토하는 증상이 나타나는 것을 멀미라고 한다.

30 차멀미 승객을 위한 대책으로 보기 어려운 것은?

① 환자의 경우는 통풍이 잘되고 비교적 흔들림이 적은 뒤쪽으로 앉도록 한다.
② 심한 경우에는 휴게소 내지는 안전하게 정차할 수 있는 곳에 정차하여 차에서 내려 시원한 공기를 마시도록 한다.
③ 차멀미 승객이 토할 경우를 대비해 위생봉지를 준비한다.
④ 차멀미 승객이 토한 경우에는 주변 승객이 불쾌하지 않도록 신속히 처리한다.

● Advice ① 환자의 경우는 통풍이 잘되고 비교적 흔들림이 적은 앞쪽으로 앉도록 한다.

31 교통사고 발생 시 인명구조 요령으로 유의해야 할 사항으로 틀린 것은?

① 승객이나 동승자가 있는 경우 적절한 유도로 승객의 혼란방지에 노력한다.
② 인명구출 시 부상자, 노인, 남성, 어린이, 부녀자의 순으로 구조한다.
③ 정차위치가 차도, 노견 등과 같이 위험한 장소일 때에는 신속히 도로 밖의 안전장소로 유도하고 2차 피해가 일어나지 않도록 한다.
④ 부상자가 있을 때에는 우선 응급조치를 한다.

● Advice 인명구출 시 부상자, 노인, 어린아이 및 부녀자 등 노약자를 우선적으로 구조한다.

32 교통사고 발생 시 보험회사나 경찰 등에 연락할 경우 신고 내용으로 옳지 않을 것은?

① 동승자 성명
② 사고발생지점 및 상태
③ 부상정도 및 부상자수
④ 회사명

● Advice 교통사고 발생 시 신고 내용
㉠ 사고발생지점 및 상태
㉡ 부상정도 및 부상자수
㉢ 회사명
㉣ 운전자 성명
㉤ 우편물, 신문, 여객의 휴대 화물의 상태
㉥ 연료 유출여부 등

33 여러 가지 이유로 차량이 고장이 날 시 운전자의 조치사항으로 옳지 않은 것은?

① 정차 차량의 결함이 심할 때는 비상등을 점멸시키면서 길어깨(갓길)에 바짝 차를 대서 정차한다.
② 차에서 내릴 때에는 옆 차로의 차량 주행상황을 살핀 후 내린다.
③ 야간에는 검정 색 옷이나 어두운 계열의 옷을 착용하는 것이 좋다.
④ 비상주차대에 정차할 때는 타 차량의 주행에 지장이 없도록 정차해야 한다.

● Advice ③ 야간에는 밝은 색 옷이나 야광이 되는 옷을 착용하는 것이 좋다.

정답 29.② 30.① 31.② 32.① 33.③

PART 04 지리

01 서울특별시

02 경기도

03 인천광역시

01 서울특별시

01 주요 관공서 및 공공건물 위치

(1) 주요 관공서

소재지	명칭
강남구	강남운전면허시험장(대치동), 서울본부세관(논현동), 국기원(역삼동), 강남세무서(청담동), 역삼세무서(역삼동), 삼성세무서(역삼동), 강남교육지원청(삼성2동), 한국토지주택공사 서울지역본부(논현동), 특허청서울사무소(역삼동)
강서구	강서운전면허 시험장(외발산동)
금천구	구로세관(가산동), 한국건설생활환경시험연구원(가산동)
노원구	도봉운전면허시험장(상계10동)
도봉구	서울북부지방법원(도봉동), 서울북부지방검찰청(도봉동)
동작구	기상청(신대방2동)
마포구	한국교통안전공단 서울본부(성산동), 서부운전면허시험장(상암동), 서울서부지방법원(공덕동)
서대문구	경찰청(미근동), 경찰위원회(미근동)
서초구	대법원(방배동), 대검찰청(서초3동), 서울고등법원(서초동), 서울고등검찰청(서초동), 서울가정법원(양재동), 서울지방조달청(반포동), 서울지방법원(서초동), 국립국악원(서초동), 한국도로교통공단 서울지부(염곡동), 통일연구원(반포동)
성동구	서울교통공사(용답동)
송파구	서울동부지방법원(문정동), 중앙전파관리소(가락동), 서울동부지방검찰청(문정동)
양천구	서울과학수사연구소(신월동), 서울출입국외국인청(신정동), 서울남부지방법원(신정동)
영등포구	국회의사당(여의도동), 서울지방병무청(신길동), 한국방송공사(KBS, 여의도동)
용산구	대한민국 대통령실
종로구	서울지방경찰청(내자동), 감사원(삼청동), 서울시교육청(신문로2가)
중구	서울특별시청(태평로1가), 중부세무서(충무로1가), 서울지방고용노동청(장교동), 서울지방우정청(종로1가), 한국관광공사 서울센터(다동), 대한상공회의소(남대문로4가)

(2) 공공건물

소재지	명칭
강남구	강남차병원(역삼동), 삼성서울병원(일원동), 강남세브란스병원(도곡동), 수서경찰서(개포동), 강남경찰서(대치동), 강남우체국(개포동), 강남소방서(삼성동)
강동구	중앙보훈병원(둔촌동), 강동성심병원(길동), 강동 경희대학교병원(상일동)
강북구	국립재활원(수유동), 강북경찰서(번동)
관악구	서울대학교(신림동), 금천경찰서(시흥동)
광진구	건국대학교(화양동), 세종대학교(군자동), 건국대학교병원(화양동), 혜민병원(자양동), 국립정신건강센터(중곡동), 광진경찰서(구의동)
구로구	고려대학교구로병원(구로동)
노원구	광운대학교(월계동), 삼육대학교(공릉동), 서울여자대학교(공릉동), 노원을지대학교병원(하계동), 원자력병원(공릉2동), 상계백병원(상계동)
도봉구	덕성여자대학교(쌍문동)
동대문구	경희대학교(회기동), 서울시립대학교(전농동), 한국외국어대학교(이문동), 서울시립동부병원(용두동), 서울성심병원(청량리동), 삼육서울병원(휘경동), 경희의료원(회기동)
동작구	숭실대학교(상도동), 중앙대학교(흑석동), 중앙대학교병원(흑석동), 서울시립보라매병원(신대방동)
마포구	서강대학교(대흥동), 홍익대학교(상수동), TBS교통방송(상암동)
서대문구	연세대학교(신촌동), 이화여자대학교(대현동), 추계예술대학교(북아현동), 명지대학교(남가좌동), 신촌 세브란스병원(신촌동)
서초구	서울성모병원(반포동), 방배경찰서(방배동), 국립중앙도서관(반포동)
성동구	한양대학교(사근동), 한국방송통신대학교(성수1가2동), 한양대학교병원(사근동)
성북구	고려대학교(안암동5가), 국민대학교(정릉동), 동덕여자대학교(하월곡동), 성신여자대학교(돈암동), 한성대학교(삼선동2가), 고려대학교의료원안암병원(안암동5가)
송파구	국립경찰병원(가락동), 서울아산병원(풍납2동)
양천구	이대목동병원(목동), 홍익병원(신정동)
영등포구	한림대학교한강성심병원(영등포동7가), 여의도성모병원(여의도동), 대림성모병원(대림동), 성애병원(신길동)

소재지	명칭
용산구	숙명여자대학교(청파동2가), 순천향대학병원(한남동), 용산경찰서(원효로1가)
은평구	서울서부경찰서(녹번동)
종로구	상명대학교(홍지동), 성균관대학교(명륜3가), 서울대학교병원(연건동), 서울적십자병원(평동), 혜화경찰서(인의동)
중구	동국대학교(장충동2가), 서울백병원(저동2가), 제일병원(묵정동), 국립중앙의료원(을지로6가), 남대문경찰서(남대문로5가), 중부경찰서(저동2가)
중랑구	서울의료원(신내동), 서울특별시북부병원(망우동)

(3) 주요 호텔

소재지	명칭
강남구	라마다 서울 호텔(삼성동), 노보텔 앰배서더 강남(역삼동), 임피리얼 팰리스 호텔(논현동), 파크하얏트 서울호텔(대치동), 오크우드 프리미어 서울(삼성동), 안다즈 서울강남 호텔(신사동), 인터컨티넨탈서울코엑스(삼성동), 쉐라톤서울팔래스강남호텔(반포동), 르 메르디앙 서울호텔(역삼동), 글래드 강남코엑스센터(대치동), 글래드 라이브강남(논현동)
광진구	그랜드워커힐호텔(광장동), 비스타 워커힐 서울호텔(광장동)
구로구	쉐라톤 서울 디큐브시티 호텔(신도림동)
금천구	노보텔 앰배서더 독산호텔(독산4동)
마포구	서울가든호텔(도화동), 롯데시티호텔(공덕동), 글래드 마포(도화동)
서대문구	스위스 그랜드힐튼 서울호텔(홍은동)
서초구	JW메리어트호텔서울(반포동), 쉐라톤 서울 팔레스 강남 호텔(반포동), 더 리버사이드호텔(잠원동)
송파구	롯데호텔월드(잠실동)
영등포구	콘래드 서울 호텔(여의도동), 글래드 여의도(여의도동)
용산구	그랜드하얏트 서울호텔(한남동), 해밀턴호텔(이태원동), 크라운관광호텔(이태원동)
종로구	JW메리어트 동대문스퀘어(종로6가), 포시즌스 호텔서울(당주동)
중구	롯데호텔 서울(소공동), 호텔신라(장충동2가), 그랜드 앰배서더 서울(장충동2가), 더 플라자 호텔(태평로2가), 로얄 호텔서울(명동1가), 반얀트리 클럽 앤 스파 서울(장충동2가), 세종호텔(충무로2가), 프레지던트 호텔(을지로1가), 노보텔 앰배서더 서울동대문 호텔(을지로6가), 밀레니엄 힐튼 서울호텔(남대문로5가), 웨스턴조선호텔(소공동)

02 주요 관광명소 위치

소재지	명칭
강남구	선릉(삼성동), 봉은사(삼성동), 도산공원(신사동), 대모산 도시자연공원(일원동), 학동공원(논현동)
강동구	암사선사 유적지(천호동)
강북구	국립4.19 민주묘지(수유동), 북서울 꿈의 숲(번동), 북한산 국립공원백운대코스(우이동), 우이동유원지(우이동)
강서구	양천고성지(가양동), KBS스포츠월드(화곡동), 서울식물원(마곡동)
관악구	호림박물관(신림동)
광진구	어린이대공원(능동), 뚝섬유원지(자양동), 유니버설아트센터(능동), 아차산생태공원(광장동)
구로구	여계 묘역(고척동), 평강성서유물박물관(오류동)
금천구	호암산성(시흥동)
도봉구	북한산국립공원(도봉동)
동대문구	세종대왕기념관(청량리동), 경동시장(제기동), 홍릉수목원(회기동)
동작구	국립서울현충원(동작동), 노량진수산시장(노량진동), 보라매공원(신대방동), 사육신공원(노량진동)
마포구	서울월드컵경기장(성산동), 월드컵공원(상암동), 하늘공원(상암동), 난지한강공원(상암동), 평화공원(동교동)
서대문구	독립문(현저동), 서대문형무소역사관(현저동)
서초구	예술의전당(서초동), 시민의 숲(양재동), 반포한강공원(반포동), 몽마르뜨 공원(반포동)
성동구	서울숲(성수동1가)
성북구	정릉10공원(정릉동)
송파구	몽촌토성(방이동), 풍납토성(풍납동), 롯데월드(잠실동), 올림픽공원(방이동), 석촌호수(잠실동)
양천구	용왕산근린공원(목동), 녹동종합운동장(목동), 파리공원(목동)
영등포구	여의도공원(여의도동), 63빌딩(여의도동), 선유도공원(양화동)
용산구	N서울타워(용산동2가), 백범김구기념관(효창동), 용산가족공원(용산동6가), 전쟁기념관(용산동1가), 국립중앙박물관(용산동6가)
종로구	경복궁(세종로), 창경궁(와룡동), 창덕궁(와룡동), 국립민속박물관(세종로), 보신각(관철동), 조계사(수송동), 동대문(흥인지문, 보물1호, 종로6가), 마로니에공원(동숭동), 사직공원(사직동), 경희궁 공원(신문로2가), 탑골공원(종로2가), 종묘(훈정동), 세종문화회관(세종로)

소재지	명칭
중구	남대문(숭례문, 국보1호, 남대문로4가), 덕수궁(정동), 명동성당(명동2가), 장충체육관(장충동2가), 남산공원(회현동1가), 서울로 7017(봉래동2가), 국립극장(장충동2가)
중랑구	용마폭포공원(면목동)

03 주요 고속도로 및 간선도로

(1) 고속도로

명칭	구간
경부고속도로	한남IC(서울 압구정동) ~ 양재IC(서울 양재동) ~ 만남의광장(부산 구서동)
경인고속도로	양천우체국삼거리(서울 목동) ~ 서인천IC(인천 가정동)
서울양양고속도로	강일IC(서울 고덕동) ~ 양양JCT(양양 서면)

(2) 구별 간선도로

소재지	명칭
강남구	남부순환로, 논현로, 도산대로, 양재대로, 언주로, 올림픽로, 테헤란로
강동구	남부순환로, 양재대로, 올림픽대로, 천호대로
강북구	고산자로, 월계로
강서구	강서로, 남부순환로, 올림픽대로, 화곡로
관악구	관악로, 남부순환로, 신대방길
광진구	강변북로, 능동로, 동부간선도로, 아차산길, 천호대로
구로구	강서로, 시흥대로
금천구	남부순환로, 독산로, 시흥대로
노원구	월계로, 동부간선도로
동대문구	고산자로, 천호대로, 청계천로
동작구	동작대로, 신대방로
마포구	강변북로, 마포대로
서대문구	수색로, 성산로, 세검정로, 통일로
서초구	남부순환로, 동작대로, 올림픽로, 신반포로
성동구	고산자로, 강변북로, 왕십리로, 청계천로, 독서당로, 동부간선도로
성북구	돌곶이로, 동소문로, 동부간선도로, 북부간선도로, 성북로, 월계로, 창경궁로
송파구	양재대로, 올림픽로, 송파대로, 테헤란로
양천구	남부순환로
영등포구	노들길, 시흥대로, 신길로
용산구	독서당로, 원효로, 서빙고로, 한강로
은평구	수색로, 통일로
종로구	대학로, 돈화문로, 삼청로, 새문안로, 세검정로, 세종대로, 종로, 율곡로, 창경궁로, 청계천로, 통일로
중구	청계천로, 세종대로, 돈화문로, 을지로, 왕십리로, 창경중로, 충무로, 통일로, 퇴계로
중랑구	동일로, 동부간선도로, 북부간선도로, 용마산로

04 주요 교통시설

(1) 철도역, 공항, 버스터미널 등

소재지	명칭
강서구	김포공항(방화동)
광진구	동서울종합터미널(구의동)
동대문구	청량리역(전농동)
서초구	서울고속버스터미널(반포동), 서울남부터미널(서초동)
강남구	한국도심공항터미널(삼성동), 수서역(수서동)
용산구	서울역(동자동), 용산역(한강로3가)

실전 연습문제

1 방배경찰서는 무슨 구에 있는가?

① 동작구
② 서초구
③ 강남구
④ 송파구

● Advice 방배경찰서는 서울 서초구 방배동에 위치해 있다.

2 롯데월드가 위치한 곳은?

① 강남구
② 강동구
③ 송파구
④ 광진구

● Advice 롯데월드는 서울 송파구 잠실동에 위치해 있다.

3 매일경제신문이 위치한 곳은?

① 중랑구 상봉동
② 종로구 효자동
③ 중구 필동
④ 용산구 후암동

● Advice 매일경제신문은 서울 중구 필동1가에 위치해 있다.

4 마포구청 앞을 지나가는 도로는?

① 월드컵로
② 성산로
③ 수색로
④ 양화로

● Advice 마포구청 앞을 지나가는 도로는 월드컵로로 합정역 사거리(서울 마포)에서 구룡사거리(경기 고양)에 이르는 도로이다.

5 서울특별시청과 서울광장을 둘러싼 도로가 아닌 것은?

① 세종대로   ② 무교로
③ 소공로   ④ 새문안로

● Advice 새문안로는 세종대로사거리(서울 종로)에서 서대문고가남단(서울 서대문)에 이르는 도로이다.

6 한국원자력병원은 무슨 구에 있는가?

① 구로구
② 금천구
③ 노원구
④ 도봉구

● Advice 한국원자력병원은 서울 노원구 공릉동에 위치해 있다.

정답 1.② 2.③ 3.③ 4.① 5.④ 6.③

7 경동시장은 무슨 구에 있는가?

① 동대문구
② 성북구
③ 성동구
④ 중랑구

Advice 경동시장은 서울 동대문구 고산자로에 위치해 있다.

8 국립중앙도서관은 무슨 구에 있는가?

① 중구
② 마포구
③ 서초구
④ 종로구

Advice 국립중앙도서관은 서울 서초구 반포동에 위치해 있다.

9 어린이대공원이 위치해 있는 곳은?

① 광진구 군자동
② 광진구 능동
③ 중랑구 면목동
④ 성동구 행당동

Advice 어린이대공원은 서울 광진구 능동에 위치해 있다.

10 서울지방병무청이 위치해 있는 곳은?

① 동작구 노량진동
② 동작구 상도동
③ 영등포구 신길동
④ 영등포구 여의도동

Advice 서울지방병무청은 서울 영등포구 신길동에 위치해 있다.

11 창경궁이 위치하고 있는 곳은?

① 중구 예관동
② 종로구 와룡동
③ 용산구 한남동
④ 성동구 행당동

Advice 창경궁은 서울특별시 종로구 와룡동에 위치해 있다.

12 광진구에 위치하고 있는 동으로 알맞은 것은?

① 개포동, 대치동, 압구정동, 역삼동
② 둔촌동, 상일동, 성내동, 암사동
③ 구의동, 군자동, 능동, 자양동
④ 이문동, 제기동, 회기동, 휘경동

Advice ① 강남구
② 강동구
④ 동대문구

정답 7.① 8.③ 9.② 10.③ 11.② 12.③

13 용산구 한남동에 위치한 특급호텔은?

① 신라호텔
② 쉐라톤그랜드워커힐호텔
③ 그랜드하얏트서울호텔
④ 인터컨티넨탈호텔

> **Advice** ① 중구 장충동
> ② 광진구 광장동
> ④ 강남구 삼성동

14 중구에 위치한 호텔이 아닌 것은?

① 그랜드앰배서더호텔
② 세종호텔
③ 웨스틴조선호텔
④ 스위스 그랜드 호텔

> **Advice** ④ 스위스 그랜드 호텔은 서대문구 홍은동에 위치해 있다.

15 종로구에 위치한 터널은?

① 화곡터널
② 금화터널
③ 월드컵터널
④ 구기터널

> **Advice** ① 강서구
> ② 서대문구
> ③ 마포구

16 강남구 신논현역에서 잠실종합운동장으로 연결되는 도로는?

① 도산대로
② 학동로
③ 봉은사로
④ 압구정로

> **Advice** ① 강남구 신사역 사거리 ~ 영동대교남단
> ② 강남구 논현역 사거리 ~ 봉은초등학교
> ④ 강남구 한남IC ~ 청담사거리

17 양천구 목동에 소재한 것은?

① 이대목동병원, 강서교육청, 서울남부지방법원
② 서울지방식품의약품안전청, CBS기독교방송, 이대목동병원
③ SBS서울방송, 서울지방병무청, 양천구청
④ 국회의사당, 서울출입국관리사무소, 국립과학수사연구소

> **Advice** ① 강서교육청 – 양천구 신월동
> 서울남부지방법원 – 양천구 신정동
> ③ 서울지방병무청 – 영등포구 신길동
> 양천구청 – 양천구 신정동
> ④ 국회의사당 – 영등포구 여의도동
> 서울출입국관리사무소 – 양천구 신정동
> 국립과학수사연구소 – 양천구 신월동

정답 13.③ 14.④ 15.④ 16.③ 17.②

18 서울백병원이 위치한 곳은?

① 중구 저동
② 종로구 평동
③ 성북구 안암동
④ 종로구 연건동

● Advice 　서울백병원은 중구 저동에 위치해 있다.

19 강서운전면허시험장은 지하철 5호선 어느 역 부근에 위치해 있는가?

① 마포역
② 마곡역
③ 신정역
④ 방화역

● Advice 　강서운전면허시험장에서 가장 가까운 지하철역은 5호선 마곡역이다.

20 서로 가까운 근접지역의 호텔로 묶인 것은?

① 그랜드하얏트서울, 그랜드앰베서더호텔, 인터컨티넨탈호텔
② 신라호텔, 쉐라톤그랜드워커힐호텔, 호텔리베라
③ 세종호텔, 코리아나호텔, 플라자호텔
④ 프레지던트호텔, 롯데호텔서울, 가든호텔

● Advice 　③ 세종호텔, 코리아나호텔, 플라자호텔은 모두 중구에 위치해 있다.

21 동국대학교가 위치한 곳은?

① 중구
② 종로구
③ 성동구
④ 용산구

● Advice 　동국대학교는 서울 중구 장충동에 위치해 있다.

22 올림픽공원이 위치한 곳은?

① 강동구 둔촌동
② 송파구 방이동
③ 광진구 능동
④ 강남구 역삼동

● Advice 　올림픽공원은 서울 송파구 방이동에 위치해 있다.

23 전쟁기념관과 숙명여자대학교가 위치한 곳은?

① 용산구
② 종로구
③ 중구
④ 성동구

● Advice 　전쟁기념관은 용산구 용산동에, 숙명여자대학교는 용산구 청파동에 위치해 있다.

정답 ▶ 18.① 19.② 20.③ 21.① 22.② 23.①

24 김포공항에서 수세IC까지 이르는 도로는?

① 서부간선도로
② 강변북로
③ 남부순환로
④ 올림픽대로

> **Advice** ① 성산대교남단(서울 영등포) ~ 금천IC(서울 금천)
> ② 가양대교교차로(경기 고양) ~ 가운사거리(경기 남양주)
> ④ 신곡IC교차로 ~ 강일IC

25 서울YMCA가 위치한 곳은?

① 영등포구 당산동
② 용산구 원효로1가
③ 중구 을지로3가
④ 종로구 종로2가

> **Advice** 서울YMCA는 서울 종로구 종로2가에 위치해 있다.

26 화계사가 위치한 구는?

① 강동구
② 강서구
③ 강남구
④ 강북구

> **Advice** 화계사는 강북구 수유동에 위치해 있다.

27 고속터미널역을 지나는 지하철이 아닌 것은?

① 3호선
② 5호선
③ 7호선
④ 9호선

> **Advice** 고속터미널역에는 지하철 3호선과 7호선 그리고 9호선이 지나간다.

28 동교동 삼거리에서 충정로역에 이르는 도로는?

① 소공로
② 을지로
③ 성산로
④ 신촌로

> **Advice** 신촌로는 동교동 삼거리(홍대입구역)에서부터 신촌역과 이대역을 지나 충정로역에 이르는 도로이다.

29 동부간선도로와 만나는 도로는?

① 세종대로
② 언주로
③ 테헤란로
④ 원효로

> **Advice** 동부간선도로는 복정교차로에서 경기 의정부시 장암동에 이르는 도로로 테헤란로, 사가정로 등과 만난다.

정답 24.③ 25.④ 26.④ 27.② 28.④ 29.③

30 북부간선도로와 만나지 않는 도로는?

① 돌곶이로
② 월곡로
③ 용마산로
④ 봉화산로

> **Advice** 북부간선도로는 하월곡분기점교차로(서울 성북)에서 경기도 남양주시 일폐동에 이르는 도로로 돌곶이로, 월곡로, 용마산로 등과 만난다.

31 보신각이 위치해 있는 곳은?

① 중구 태평로
② 종로구 종로
③ 종로구 혜화동
④ 서대문구 충정로

> **Advice** 보신각은 서울 종로구 종로에 위치해 있다.

32 내부순환도로와 북부간선도로가 만나는 부근에 위치한 역은?

① 창동역
② 월곡역
③ 상봉역
④ 제기동역

> **Advice** 내부순환도로는 성산대교북단(서울 마포구)에서 살곶이다리남단(서울 성동구)에 이르는 도로이며, 북부간선도로는 하월곡분기점교차로(서울 성북구)에서 도농IC(경기도 남양주)에 이르는 도로로, 두 도로는 월곡역 부근에서 만난다.

33 남부순환로와 만나는 역이 아닌 것은?

① 신림역
② 사당역
③ 양재역
④ 이수역

> **Advice** 남부순환로는 김포공항입구(서울 강서구)에서 수세IC(서울 강남구)에 이르는 도로로 신림역, 사당역, 양재역, 대치역, 도곡역 등과 만난다.

34 예장동과 정동이 있는 구는?

① 중구
② 중랑구
③ 종로구
④ 용산구

> **Advice** 예장동과 정동은 중구에 있는 동으로 이외에도 남학동, 명동, 장충동 등이 중구에 속해 있다.

35 다음 중 마포구에 있는 대학교는?

① 숙명여자대학교, 상명대학교
② 이화여자대학교, 국민대학교
③ 명지대학교, 연세대학교
④ 홍익대학교, 서강대학교

> **Advice** ① 숙명여자대학교 – 용산구, 상명대학교 – 종로구
> ② 이화여자대학교 – 서대문구, 국민대학교 – 성북구
> ③ 명지대학교 – 서대문구, 연세대학교 – 서대문구

정답 30.④ 31.② 32.② 33.④ 34.① 35.④

36 서울북부지방법원이 있는 구는?

① 노원구
② 강북구
③ 도봉구
④ 성북구

● Advice 서울북부지방법원은 서울 도봉구 도봉동에 위치해 있다.

37 웨스틴조선호텔, 신라호텔이 있는 구는?

① 성동구
② 종로구
③ 강남구
④ 중구

● Advice 웨스틴조선호텔은 서울 중구 소공동에, 신라호텔은 서울 중구 장충동에 위치해 있다.

38 노량진수산시장 옆을 지나는 도로는?

① 제물포길
② 노들로
③ 언주로
④ 영등포로

● Advice 노들로는 양화교교차로(서울 강서)에서 한강대교남단(서울 동작)에 이르는 도로로 노량진수산시장, 신길역 옆을 지난다.

39 서울숲공원이 있는 구는?

① 광진구
② 동대문구
③ 성동구
④ 서초구

● Advice 서울숲공원은 서울 성동구 뚝섬로에 위치해 있다.

40 다음 중 서울의 서쪽과 동쪽을 연결하는 도로가 아닌 것은?

① 자유로
② 강변북로
③ 올림픽대로
④ 내부순환도로

● Advice 자유로는 경기도 고양시 행주대교 북단에서 파주시 문산읍 자유의 다리에 이르는 고속화도로이다.

41 지하철 3호선 안국역을 지나는 도로는?

① 무교로
② 세종대로
③ 통일로
④ 율곡로

● Advice 율곡로는 경복궁 사거리(서울 종로)에서 청계6가 사거리(서울 중구)까지 이어진 도로로, 안국역과 동대문역을 지난다.

정답 36.③ 37.④ 38.② 39.③ 40.① 41.④

42 국회의사당에서 신촌역으로 가장 빠르게 가려면 어느 다리를 건너야 하는가?

① 서강대교
② 성산대교
③ 원효대교
④ 동작대교

● Advice 국회의사당에서 신촌역으로 가려면 서강대교를 건너는 것이 가장 빠르다.

43 서부운전면허시험장이 위치한 곳은?

① 마포구
② 강서구
③ 서대문구
④ 은평구

● Advice 서부운전면허시험장은 서울 마포구 상암동에 위치해 있다.

44 강서경찰서는 어느 동에 위치해 있는가?

① 강서구 가양동
② 강서구 공항동
③ 강서구 화곡동
④ 강서구 개화동

● Advice 강서경찰서는 서울 강서구 화곡동에 위치해 있다.

45 경부고속도로가 시작되는 지점이 있는 곳은?

① 강남구 압구정동
② 동작구 사당동
③ 서초구 잠원동
④ 송파구 잠실동

● Advice 경부고속도로는 서울 강남구 압구정동 한남IC부터 만남의 광장까지 이어진 고속도로이다.

46 중국대사관이 위치한 곳은?

① 종로구 태평로1가
② 중구 명동2가
③ 중랑구 상봉동
④ 용산구 청파동

● Advice 주한중국대사관은 서울 중구 명동2가에 위치해 있다.

47 연세대학교가 위치한 곳은?

① 서대문구 신촌로
② 은평구 녹번로
③ 마포구 광성로
④ 서대문구 연세로

● Advice 연세대학교 신촌캠퍼스는 서울 서대문구 연세로에 위치해 있다.

정답 42.① 43.① 44.③ 45.① 46.② 47.④

48 센트럴시티 터미널에서 이태원으로 가장 빠르게 가려면 어느 다리를 건너야 하는가?

① 한남대교
② 동작대교
③ 반포대교
④ 성수대교

> ● Advice 센트럴시티 터미널에서 이태원으로 가려면 반포대교를 건너는 것이 가장 빠르다.

49 가톨릭대학교 서울성모병원이 위치한 곳은?

① 영등포구
② 동대문구
③ 서초구
④ 양천구

> ● Advice 가톨릭대학교 서울성모병원은 서울 서초구 반포대로에 위치해 있다.

50 북부교육지원청이 있는 곳은?

① 노원구 공릉동
② 강북구 번동
③ 동대문구 이문동
④ 도봉구 창동

> ● Advice 북부교육지원청은 서울 도봉구 창동에 위치해 있다.

51 남산에서 한남대로를 따라 한남대교를 건너면 어느 대로와 만나는가?

① 강남대로
② 도산대로
③ 테헤란로
④ 동작대로

> ● Advice 강남대로는 한남대교 북단(서울 강남구)에서 염곡교차로(서울 서초구)에 이르는 도로이다.

52 건국대학교는 무슨 구에 있는가?

① 송파구
② 광진구
③ 성동구
④ 동대문구

> ● Advice 건국대학교는 서울 광진구 화양동에 위치해 있다.

53 국기원이 있는 곳은?

① 강남구 역삼동
② 용산구 한남동
③ 서초구 방배동
④ 동작구 상도동

> ● Advice 국기원은 서울 강남구 역삼동에 위치해 있다.

정답 ▶ 48.③ 49.③ 50.④ 51.① 52.② 53.①

54 세빛섬에서 센트럴시티터미널을 거쳐 예술의 전당에 이르는 도로는?

① 반포대로
② 한남대로
③ 세종대로
④ 테헤란로

Advice 반포대로는 반포대교북단(서울 용산)에서 예술의 전당앞 교차로(서울 서초)에 이르는 도로로 세빛섬, 센트럴시티터미널 등을 지난다.
② 서울시 강남구 신사동에서 서울시 용산구 한남동에 이르는 도로
③ 광화문삼거리(서울 종로)에서 서울역사거리(서울 중구)에 이르는 도로
④ 강남역(서울 서초)에서 삼교동사거리(서울 강남)에 이르는 도로

55 육군사관학교가 있는 곳은?

① 노원구
② 중랑구
③ 도봉구
④ 강북구

Advice 육군사관학교는 서울 노원구 화랑로에 위치해 있다.

56 동서울종합터미널이 있는 곳은?

① 광진구 긴고랑로
② 광진구 능동로
③ 광진구 강변역로
④ 성동구 고산자로

Advice 동서울종합터미널은 서울 광진구 강변역로에 위치해 있다.

57 지하철 1호선 서울역이 있는 곳은?

① 종로구 서린동
② 중구 저동
③ 중구 청계로
④ 중구 봉래동2가

Advice 서울역은 서울 중구 봉래동2가에 위치해 있다.

58 동대문(흥인지문)이 있는 곳은?

① 동대문구 용두동
② 동대문구 이문동
③ 종로구 중학동
④ 종로구 종로6가

Advice 동대문(흥인지문)은 서울 종로구 종로6가에 위치해 있다.

59 백범김구기념관이 있는 곳은?

① 영등포구
② 용산구
③ 종로구
④ 서대문구

Advice 백범김구기념관은 서울 용산구 임정로에 위치해 있다.

정답 54.① 55.① 56.③ 57.④ 58.④ 59.②

60 러시아 대사관이 있는 곳은?

① 종로구 사직동
② 종로구 종로1가
③ 중구 정동
④ 중구 을지로6가

● Advice 주한러시아대사관은 서울 중구 정동에 위치해 있다.

61 삼성의료원이 있는 곳은?

① 서초구 방배동
② 서초구 서초동
③ 강남구 일원동
④ 강남구 심성동

● Advice 삼성의료원은 서울 강남구 일원동에 위치해 있다.

62 다음 중 백범로상에 있는 지하철역이 아닌 것은?

① 대흥역
② 마포역
③ 공덕역
④ 삼각지역

● Advice 백범로는 신촌로터리(서울 마포)에서 삼각지역사거리(서울 용산)에 이르는 도로로 대흥역, 공덕역, 효창공원앞역, 삼각지역 등을 지난다.

63 다음 중 서대문구 홍은동에 위치한 호텔은?

① 스위스 그랜드 호텔
② 가든호텔
③ JW메리어트호텔서울
④ 그랜드하얏트서울

● Advice ② 마포구 도화동
③ 서초구 반포동
④ 용산구 한남동

64 국립서울현충원이 있는 곳은?

① 영등포구 대림동
② 성동구 마장동
③ 동작구 동작동
④ 서초구 잠원동

● Advice 국립서울현충원은 서울 동작구 동작동에 위치해 있다.

65 합정역에서 목동종합운동장으로 가장 빠르게 가려면 어느 다리를 건너야 하는가?

① 마포대교
② 김포대교
③ 가양대교
④ 양화대교

● Advice 합정역에서 목동종합운동장으로 가려면 양화대교를 건너는 것이 가장 빠르다.

정답 60.③ 61.③ 62.② 63.① 64.③ 65.④

66 서울서부경찰서와 서울시립서북병원이 있는 곳은?

① 강서구
② 서대문구
③ 마포구
④ 은평구

> **Advice** 서울서부경찰서는 은평구 녹번동에, 서울시립서북병원은 은평구 역촌동에 위치해 있다.

67 신림로와 관악로가 만나는 곳에 위치한 대학교는?

① 서울대학교
② 숭실대학교
③ 총신대학교
④ 중앙대학교

> **Advice** 신림로와 관악로는 서울대입구교차로에서 서로 만난다.

68 다음 중 창경궁과 종묘를 가로지르는 도로는?

① 대학로
② 을지로
③ 세종대로
④ 율곡로

> **Advice** 율곡로는 경복궁사거리(서울 종로)에서 청계6가사거리(서울 중구)에 이르는 도로로 창경궁과 종묘 사이를 지나간다.

69 강변북로와 청담대교가 만나는 곳에 위치한 공원은?

① 잠실한강공원
② 뚝섬한강공원
③ 잠원한강공원
④ 광나루한강공원

> **Advice** ① 잠실한강공원은 잠실대교와 올림픽대로가 만나는 곳에 위치해 있다.
> ③ 잠원한강공원은 한남대교와 올림픽대로가 만나는 곳에 위치해 있다.
> ④ 광나루한강공원은 천호대교와 구리암사대교 사이 올림픽대로가 지나가는 한강변에 위치해 있다.

70 안암동이 있는 구는?

① 동대문구
② 성북구
③ 강북구
④ 중랑구

> **Advice** 안암동은 성북구에 속해 있다.

71 지하철 5호선에 있는 역이 아닌 것은?

① 광화문역
② 마포역
③ 시청역
④ 왕십리역

> **Advice** 시청역은 1호선과 2호선이 지나간다.

정답 66.④ 67.① 68.④ 69.② 70.② 71.③

72 지하철 3호선과 7호선이 만나는 역은?

① 교대역
② 강남구청역
③ 대림역
④ 고속터미널역

> **Advice** ① 교대역에서는 지하철 2호선과 3호선이 만난다.
> ② 강남구청역에서는 지하철 7호선과 분당선이 만난다.
> ③ 대림역에서는 지하철 2호선과 7호선이 만난다.

73 종로3가역을 지나가지 않는 것은?

① 지하철 1호선
② 지하철 2호선
③ 지하철 3호선
④ 지하철 5호선

> **Advice** 지하철 2호선은 종로3가역을 지나가지 않는다.

74 명동역, 충무로역, 신당역은 어느 도로상에 있는가?

① 을지로
② 동호로
③ 퇴계로
④ 장충단로

> **Advice** 퇴계로는 서울역 사거리(서울 중구)에서 한국도로교통공단사거리(서울 중구)에 이르는 도로 명동역, 충무로역, 신당역, 회현역 등을 지나간다.

75 약수역을 지나는 지하철로 묶인 것은?

① 2호선 – 3호선
② 4호선 – 6호선
③ 3호선 – 6호선
④ 5호선 – 7호선

> **Advice** 약수역에서는 지하철 3호선과 6호선이 만난다.

76 서울시립대학교가 있는 곳은?

① 동대문구
② 성동구
③ 강남구
④ 서초구

> **Advice** 서울시립대학교는 동대문구 서울시립대로에 위치해 있다.

77 홍제천과 나란히 지나는 도로는?

① 서부간선도로
② 동부간선도로
③ 강변북로
④ 내부순환도로

> **Advice** 내부순환도로는 성산대교(서울 마포)에서 살곶이다리남단(서울 성동)에 이르는 도로로, 홍은초교 부근에서 성산대교북단까지 흐르는 홍제천과 나란히 지난다.

정답 72.④ 73.② 74.③ 75.③ 76.① 77.④

78 덕수궁 부근에 있는 호텔이 아닌 것은?

① 세종호텔
② 프레지던트호텔
③ 코리아나호텔
④ 더 플라자호텔

● Advice 프레지던트호텔, 코리아나호텔, 더 플라자호텔은 모두 덕수궁 부근에 있으며, 세종호텔은 명동역 부근에 있다.

79 국립중앙박물관이 있는 곳은?

① 용산구
② 중구
③ 종로구
④ 동작구

● Advice 국립중앙박물관은 서울 용산구 서빙고로에 위치해 있다.

80 예술의전당에서 선암IC에 이르는 터널은?

① 정릉터널
② 우면산터널
③ 남산1호터널
④ 남산2호터널

● Advice ① 내부순환도로를 따라 정릉부근을 통과하는 터널이다.
③ 중구 예장동에서 용산구 한남동에 이르는 터널이다.
④ 중구 장충동에서 용산구 이태원동에 이르는 터널이다.

81 강남구에 있는 호텔이 아닌 것은?

① 인터컨티넨탈호텔
② 임피리얼팰리스서울
③ JW메리어트호텔서울
④ 호텔리베라

● Advice JW메리어트호텔서울은 서초구에 위치해 있다.

82 동대문구에 있는 병원은?

① 서울백병원
② 삼육서울병원
③ 서울아산병원
④ 을지병원

● Advice ① 서울 중구 저동2가에 위치해 있다.
③ 서울 송파구 풍납2동에 위치해 있다.
④ 서울 노원구 하계동에 위치해 있다.

83 용산구에 위치해 있는 호텔은?

① 올림피아호텔
② 그랜드 하얏트 호텔
③ 신라호텔
④ 롯데호텔서울

● Advice ② 그랜드 하얏트 호텔은 서울 용산구에 위치해 있다.

정답 78.① 79.① 80.② 81.③ 82.② 83.②

84 밤섬 위를 지나가는 다리는?

① 성산대교
② 당산철교
③ 서강대교
④ 한강대교

● Advice 서강대교는 서울 마포구 신수동과 여의도를 잇는 다리로 밤섬 위를 지나간다.

85 월드컵공원에서 강서구청을 가장 빠르게 가려면 어느 다리를 건너야 하는가?

① 가양대교
② 김포대교
③ 성산대교
④ 마포대교

● Advice 월드컵공원에서 강서구청을 가려면 가양대교를 건너는 것이 가장 빠르다.

86 다음 중 서울역에서 가장 가까운 호텔은?

① 서울로얄호텔
② JW메리어트호텔서울
③ 그랜드하얏트호텔
④ 밀레니엄서울힐튼호텔

● Advice ① 중구 명동에 위치해 있다.
② 서초구 반포동에 위치해 있다.
③ 용산구 한남동에 위치해 있다.

87 청담동의 위치는?

① 올림픽공원 맞은편
② 영동대교남단
③ 광진구 자양동 옆
④ 동작대교남단

● Advice 청담동은 강남구에 속해 있으며 영동대교남단에 위치해 있다.

88 광화문역 근처에 있는 것이 아닌 것은?

① 중부교육지원청
② 세종문화회관
③ 미국대사관
④ 경복궁

● Advice 중부교육지원청은 종로5가역 근처에 위치해 있다.

89 선유도공원에 가려면 어느 다리를 건너야 하는가?

① 방화대교
② 동작대교
③ 잠수교
④ 양화대교

● Advice 선유도공원은 영등포구에 위치해 있으며 양화대교를 건너서 갈 수 있다.

정답 ▶ 84.③ 85.① 86.④ 87.② 88.① 89.④

90 당산철교를 지나는 지하철은?

① 1호선
② 2호선
③ 3호선
④ 4호선

● Advice 당산철교는 합정역과 당산역을 잇는 다리로 지하철 2호선이 지나간다.

91 석촌호수가 있는 곳은?

① 송파구 오륜동
② 송파구 잠실동
③ 강동구 성내동
④ 강동구 암사동

● Advice 석촌호수는 서울 송파구 잠실동에 위치해 있다.

92 풍납토성에서 광나루역을 가장 빠르게 가려면 어느 다리를 건너야 하는가?

① 잠실대교
② 올림픽대교
③ 천호대교
④ 강동대교

● Advice 풍납토성에서 광나루역을 가려면 천호대교를 건너는 것이 가장 빠르다.

93 서울성모병원사거리에서 서초역을 지나는 도로는?

① 서초대로
② 한남대로
③ 반포대로
④ 도산대로

● Advice 반포대로는 반포대교북단(서울 용산)에서 예술의전당앞교차로(서울 서초)에 이르는 도로로 서울성모병원사거리에서 서초역을 지난다.

94 탄천과 나란히 지나는 도로는?

① 강변북로
② 올림픽대로
③ 남부순환로
④ 동부간선도로

● Advice 동부간선도로는 북정교차로(서울 송파)에서 경기 의정부시 장암동에 이르는 도로로, 경기도 성남시에서 서울 강남구 청담동으로 흐르는 탄천과 나란히 지난다.

95 화양사거리에서 성수사거리를 지나는 도로는?

① 천호대로
② 아차산로
③ 능동로
④ 동일로

● Advice 동일로는 성동구에서 경기도 양주시 마전동에 이르는 도로로 화양사거리에서 성수사거리를 지난다.

정답 ▶ 90.② 91.② 92.③ 93.③ 94.④ 95.④

96 광운대학교가 있는 곳은?

① 금천구
② 노원구
③ 중랑구
④ 은평구

> **Advice** 광운대학교는 노원구 월계동에 위치해 있다.

97 한국외국어대학교 앞을 지나는 도로는?

① 이문로
② 망우로
③ 회기로
④ 탄현로

> **Advice** 이문로는 시조사삼거리(서울 동대문)에서 성북구 석관동에 이르는 도로로 한국외국어대학교 앞을 지난다.

98 송파구에 있는 건물로 묶인 것은?

① 대검찰청, 남산공원
② 성공회대학교, 허준박물관
③ 롯데월드타워, 한국체육대학교
④ 서울아산병원, 한국방송공사

> **Advice** ① 대검찰청 – 서초구, 남산공원 – 중구
> ② 성공회대학교 – 구로구, 허준박물관 – 강서구
> ④ 서울아산병원 – 송파구, 한국방송공사(KBS) – 영등포구

99 시흥동이 있는 곳은?

① 구로구
② 금천구
③ 양천구
④ 영등포구

> **Advice** 시흥동은 서울 금천구에 속해 있다.

100 화양동에서 청담동을 갈 때 건너야 할 다리는?

① 영동대교
② 성수대교
③ 잠실대교
④ 동호대교

> **Advice** 광진구 화양동에서 강남구 청담동을 가려면 영동대교를 건너야 한다.

101 도봉운전면허시험장이 위치하고 있는 곳은 어디인가?

① 노원구
② 도봉구
③ 동작구
④ 강남구

> **Advice** 도봉운전면허시험장은 서울특별시 노원구 상계동에 위치해 있다.

> **정답** 96.② 97.① 98.③ 99.② 100.① 101.①

102 국립재활원은 어느 구에 위치하고 있는가?

① 관악구
② 서대문구
③ 동대문구
④ 강북구

● Advice 국립재활원은 서울특별시 강북구에 위치해 있다.

103 다음 중 용산구에 위치하고 있지 않은 것은?

① 숙명여자대학교
② 용산경찰서
③ 광운대학교
④ 용산소방서

● Advice 광운대학교는 서울특별시 노원구에 위치해 있다.

104 다음 중 동대문구에 위치하고 있는 대학교가 아닌 것은?

① 중앙대학교
② 한국외국어대학교
③ 경희대학교
④ 서울시립대학교

● Advice 중앙대학교는 서울특별시 동작구에 위치해 있다.

정답 102.④ 103.③ 104.①

02 경기도

01 주요 관공서 및 공공건물 위치

(1) 주요 관공서

소재지	명칭
가평군	가평경찰서
고양시	고양경찰서, 일산동부경찰서, 일산서부경찰서
과천시	과천경찰서
광명시	광명경찰서
광주시	광주경찰서
구리시	구리경찰서
군포시	군포경찰서
김포시	김포경찰서
남양주시	남양주경찰서
동두천시	동두천경찰서
부천시	부천소사경찰서, 부천원미경찰서, 부천오정경찰서
성남시	분당경찰서, 성남수정경찰서, 성남중원경찰서
수원시	수원지방법원, 수원지방검찰청, 수원보호관찰소, 경기도교육청, 경인지방병무청, 대한적십자사경기도지사, 경기지방통계청, 경기지방중소기업청, 경기도선거관리위원회, 경기남부지방경찰청, 경기도청, 수원남부경찰서, 수원중부경찰서, 수원서부경찰서
시흥시	시흥경찰서
안산시	안산단원경찰서, 안산상록경찰서
안성시	안성경찰서, 중앙대학교 안성캠퍼스
안양시	안양동안경찰서, 안양만안경찰서
양주시	양주경찰서
양평군	양평경찰서
여주시	여주경찰서
연천군	연천경찰서
오산시	오산경찰서
용인시	용인동부경찰서, 용인서부경찰서
의왕시	의왕경찰서
의정부시	경기북부병무지청, 경기북부지방경찰청, 경기도청 북부청사, 의정부경찰서
이천시	이천경찰서
파주시	파주경찰서
평택시	평택경찰서
포천시	포천경찰서
하남시	하남경찰서
화성시	화성서부경찰서, 화성동탄경찰서

(2) 공공건물

소재지	명칭
고양시	명지병원, 국립암센터, 한국항공대학교, 동국대학교 일산병원, 중부대학교
광주시	참조은병원
군포시	지샘병원, 한세대학교
김포시	뉴고려병원
남양주시	현대병원
부천시	세종병원, 다이엘 종합병원, 순천향대 부천병원, 가톨릭대부천성모병원, 부천대학교, 가톨릭대학교, 서울신학대학교
성남시	분당서울대병원, 국군수도병원, 정병원, 가천대학교, 분당차병원, 을지대학교, 모란 민속 5일장, 성호시장
수원시	아주대학교병원, 성빈센트병원, 동수원병원, 명인의료재단 화홍병원, 성균관대학교, 아주대학교, 경기대학교, 한국교통안전공단 경기남부본부, 경기도교통연수원, 남문로데오시장, 영동시장, 역전시장, 지동시장, 연무시장
시흥시	시화병원, 신천연합병원, 센트럴병원, 한국산업기술대학교
안산시	한도병원, 고려대안산병원, 동의성단원병원, 서울예술대학교, 안산운전면허시험장, 시민시장
안성시	중앙대학교, 한경대학교
안양시	안양샘병원, 한림대성심병원, 경인교육대학교, 성결대학교, 대림대학교, 평촌역상가, 남부시장, 호계종합시장, 명학시장

소재지	명칭
오산시	다나국제병원, 한신대학교, 오색시장
용인시	다보스병원, 강남병원, 경희대학교, 용인대학교, 단국대학교, 명지대학교, 한국외국어대학교, 용인운전면허시험장, 강남대학교
의왕시	계원예술대학교, 한국교통대학교
의정부시	카톨릭대의정부성모병원, 경기도의료원 의정부병원, 추병원, 한국교통안전공단 경기북부본부, 의정부운전면허시험장
파주시	파주두원공과대학, 롯데프리미엄아울렛
평택시	굿모닝병원, 박애병원, 박병원, 통복시장, 안중시장
포천시	일심의료재단 우리병원, 포천경찰서, 대진대학교
화성시	원불교원광종합병원, 수원대학교, 협성대학교, 수원카톨릭대학교, 발안만세시장, 조암시장, 남양시장, 사강시장

02 주요 관광명소 위치

(1) 주요 관광명소

소재지	명칭
가평군	쁘띠프랑스, 자라섬, 남이섬, 명지산, 명지계곡, 연인산, 조무락계곡, 용추계곡, 아침고요수목원, 칼봉산자연휴양림, 청평자연휴양림, 유명산자연휴양림, 에델바이스, 샘터유원지, 청평유원지, 대성리 국민관광유원지
고양시	행주산성, 벽재관지, 원마운트 워터파크, 일산 호수공원, 킨텍스(KINTEX), 서오릉, 최영장군묘
과천시	국립현대미술관, 서울랜드, 서울경마공원, 관악산, 서울대공원
광명시	광명동굴, 구름산
광주시	남한산성
구리시	고구려 대장간 마을, 아차산, 동구릉
김포시	덕포진, 태산패밀리파크, 장릉, 애기봉 통일전망대
남양주시	광해군묘, 휘경원, 홍릉과 유릉, 광릉, 순강원, 아쿠아조이, 천마산, 밤섬유원지, 정약용선생묘
동두천시	소요산
부천시	웅진플레이도시, 아인스월드
수원시	광교산, 화성행궁, 팔달문, 장안문, 지지대고개
시흥시	오이도, 소래산, 오이도, 월곶포구
안산시	대부도, 화랑유원지, 시화호, 시화방조제
안성시	미리내성지, 죽주산성
안양시	삼성산, 삼막사
양주시	두리랜드, 일영유원지, 장흥관광지, 일영유원지, 송추유원지, 권율장군묘
양평군	용문사, 용문산, 두물머리
여주시	명성왕후생가, 신륵사, 세종대왕릉, 이포나루
연천군	동막골유원지, 경순왕릉, 태풍전망대
오산시	물향기수목원, 세마대, 독산성
용인시	에버랜드, 와우정사, 한국민속촌, 캐리비안 베이
의왕시	철도박물관, 백운호수, 왕송호수
의정부시	수락산, 도봉산, 사패산
이천시	덕평공룡수목원
파주시	윤관장군묘, 장릉, 삼릉, 수길원, 소령원, 오두산성, 헤이리 예술마을, 프로방스 마을, 임진각 평화누리, 보광사, 감악산, 도라산역, 판문점
포천시	광릉 수목원, 명성산, 신북리조트, 운악산, 산정호수, 백운계곡
하남시	이성산성, 동사지, 미사리유적, 미사리조정경기장
화성시	융릉과 건릉, 당성, 궁평항, 제부도, 용주사, 남이장군묘, 전곡항

03 주요 고속도로

(1) 고속도로

명칭	구간
경부고속도로	성남~수원~오산~안성
서해안고속도로	광명~안산~화성~평택
중부고속도로	하남~광주~이천~안성
평택제천고속도로	평택~안성
평택시흥고속도로	시흥~평택
중부내륙고속도로	양평~여주
영동고속도로	시흥~안산~군포~수원~용인~이천~여주
수도권 제1 순환고속도로	김포~시흥~안산~군포~안양~성남~하남~남양주~구리~의정부~양주~고양
제2경인고속도로	시흥~광명~안양
경인고속도로	부천
평택화성수원광명고속도로	광명~시흥·군포·안산~화성~오산~평택
구리포천고속도로	구리~남양주~의정부~양주~포천
광주원주고속도로	광주~여주~양평
서울양양고속도로	하남~남양주~가평
세종포천고속도로	구리~남양주~포천

(2) 고속도로 분기점

명칭	구간
안현분기점	수도권 제1 순환고속도로 − 제2경인고속도로
군자분기점	평택시흥고속도로− 영동고속도로
조남분기점	수도권 제1 순환고속도로 − 서해안고속도로
안산분기점	서해안고속도로 − 영동고속도로
서평택분기점	서해안고속도로 − 평택제천고속도로
평택분기점	평택파주고속도로 − 평택제천고속도로
서오산분기점	수도권 제2 순환(봉담동탄)고속도로 − 오성화성고속도로
안성분기점	경부고속도로 − 평택제천고속도
동탄분기점	경부고속도로 − 수도권 제2 순환(봉담동탄)고속도로
신갈분기점	경부고속도로 − 영동고속도로
판교분기점	경부고속도로 − 수도권 제1 순환고속도로
금토분기점	경부고속도로 − 용인서울고속도로
하남분기점	중부내륙고속도로 − 수도권 제1 순환고속도로
여주분기점	중부내륙고속도로 − 영동고속도로

실전 연습문제

1 팔당호가 있는 곳은?

① 양평군
② 이천시
③ 광주시
④ 하남시

● Advice 팔당호는 경기도 광주시 퇴촌면에 위치해 있다.

2 별내역은 행정구역 상 어느 시에 속하는가?

① 구리시
② 고양시
③ 파주시
④ 남양주시

● Advice 별내역은 경기도 남양주시 별내동에 있는 수도권 전철 경춘선에 해당하는 전철역이다.

3 구리시청이 있는 곳은?

① 인창동
② 교문동
③ 토평동
④ 갈매동

● Advice 구리시청은 경기도 구리시 교문동에 위치해 있다.

4 구름산이 있는 곳은?

① 군포시
② 안산시
③ 화성시
④ 광명시

● Advice 구름산은 경기도 광명시 소하동에 위치해 있다.

5 다음 중 과천시에 소재하지 않는 것은?

① 국립현대미술관
② 서울대공원
③ 청계산
④ 경인교육대학교 경기캠퍼스

● Advice 경인교육대학교는 경기도 안양시 만안구 석수동에 속해 있다.

6 경기도청이 있는 곳은?

① 성남시
② 용인시
③ 수원시
④ 과천시

● Advice 경기도청은 경기도 수원시에 위치해 있다.

정답 1.③ 2.④ 3.② 4.④ 5.④ 6.③

7 군포시청에서 성남시청으로 갈 때 이용하는 고속도로는?

① 서해안고속도로
② 서울외곽순환고속도로
③ 영동고속도로
④ 경부고속도로

● Advice 군포시청에서 성남시청으로 가려면 외곽순환고속도로(수도권 제1순환 고속도로)를 이용해야 한다.

8 구리시에 소재한 것이 아닌 것은?

① 미사대교
② 아차산
③ 장자호수공원
④ 동구릉

● Advice 미사대교는 경기도 하남시에 속해 있다.

9 곤지암 리조트가 있는 곳은?

① 이천시
② 성남시
③ 광주시
④ 여주시

● Advice 곤지암 리조트는 경기도 광주시에 위치해 있다.

10 수원시에 있는 대학교가 아닌 것은?

① 가천대학교
② 아주대학교
③ 성균관대학교(자연과학캠퍼스)
④ 경기대학교

● Advice 가천대학교는 경기도 성남시에 위치해 있다.

11 한국토지주택공사 경기지역본부가 있는 곳은?

① 용인시
② 남양주시
③ 파주시
④ 성남시

● Advice 한국토지주택공사 경기지역본부는 경기도 성남시 분당구에 위치해 있다.

12 여주시에 소재해 있는 것이 아닌 것은?

① 세종대왕릉
② 청계산
③ 신륵사
④ 이포나루

● Advice 청계산은 경기도 과천시 막계동에 소재해 있다.

> 정답 7.② 8.① 9.③ 10.① 11.④ 12.②

13 경기도청 북부청사가 있는 곳은?

① 의정부시
② 양주시
③ 동두천시
④ 파주시

> ● Advice 경기도청 북부청사는 의정부시 신곡동에 위치해 있다.

14 두리랜드가 위치하고 있는 곳은?

① 동두천시
② 양주시
③ 고양시
④ 파주시

> ● Advice 두리랜드는 경기 양주시 장흥면에 위치해 있다.

15 하남시에서 양평군으로 이어지는 도로는?

① 1번 국도
② 3번 국도
③ 6번 국도
④ 17번 국도

> ● Advice 6번 국도는 우리나라의 서쪽(인천광역시)에서 동쪽(강원도 강릉)을 잇는 도로로 경기도 하남시에서 양평군을 지나 강원도 횡성군으로 이어진다.

16 파주시와 인접한 시가 아닌 것은?

① 포천시
② 고양시
③ 김포시
④ 양주시

> ● Advice 포천시는 연천군, 동두천시, 양주시, 남양주시, 가평군과 인접해 있으며, 파주시와는 인접해 있지 않다.

17 한국농어촌공사 경기지역본부가 있는 곳은?

① 의왕시
② 수원시
③ 용인시
④ 평택시

> ● Advice 한국농어촌공사 경기지역본부는 경기도 수원시 장안구에 위치해 있다.

18 군포시에 소재한 역이 아닌 것은?

① 금정역
② 수리산역
③ 대야미역
④ 상록수역

> ● Advice 상록수역은 경기도 안산시에 속해 있다.

> **정답** 13.① 14.② 15.③ 16.① 17.② 18.④

19 가평군에 있는 계곡이 아닌 것은?

① 용추계곡
② 백운계곡
③ 명지계곡
④ 유명계곡

● Advice 백운계곡은 경기도 포천시에 위치해 있다.

20 국립현대미술관이 있는 곳은?

① 과천시
② 수원시
③ 부천시
④ 고양시

● Advice 국립현대미술관은 경기도 과천시 광명로에 위치해 있다.

21 안산시와 관련이 없는 것은?

① 시화호
② 별망성지
③ 오이도
④ 수암봉

● Advice 오이도는 경기도 시흥시에 위치해 있다.

22 정배산이 있는 곳은?

① 용인시
② 여주시
③ 양주시
④ 오산시

● Advice 정배산은 경기도 용인시 처인구에 위치해 있다.

23 오산시청이 있는 곳은?

① 내삼미동
② 양산동
③ 청학동
④ 오산동

● Advice 오산시청은 경기도 오산시 오산동에 위치해 있다.

24 중부고속도로와 영동고속도로가 만나는 곳은?

① 안성시
② 양평군
③ 하남시
④ 이천시

● Advice 중부고속도로와 영동고속도로는 경기도 이천시 호법JC에서 만난다.

정답 ▶ 19.② 20.① 21.③ 22.① 23.④ 24.④

25 서울특별시와 인접해 있지 않은 시는?

① 시흥시
② 구리시
③ 부천시
④ 광명시

● Advice 서울특별시와 인접해 있는 시에는 김포시, 고양시, 의정부시, 남양주시, 구리시, 하남시, 성남시, 과천시, 안양시, 광명시, 부천시 등이 있다.

26 광명시에 소재하지 않은 곳은?

① 하안동
② 철산동
③ 소사동
④ 소하동

● Advice 소사동은 경기도 부천시에 속해 있다.

27 한국교통대학교가 있는 곳은?

① 군포시
② 의왕시
③ 과천시
④ 안양시

● Advice 한국교통대학교는 경기도 의왕시 월암동에 위치해 있다.

28 가평군에 있는 산이 아닌 것은?

① 관악산
② 연인산
③ 명지산
④ 호명산

● Advice 관악산은 경기도 과천시와 안양시 및 서울특별시에 속해 있다.

29 분당선이 지나는 역이 아닌 것은?

① 수진역
② 서현역
③ 수내역
④ 정자역

● Advice 수진역은 분당선이 지나지 않고 지하철 8호선이 지난다.

30 부천시에 소재한 역이 아닌 것은?

① 송내역
② 중동역
③ 역곡역
④ 온수역

● Advice 온수역은 서울 구로구에 속해 있다.

정답 ▶ 25.① 26.③ 27.② 28.① 29.① 30.④

31 경기도에 소재한 다리가 아닌 것은?

① 영동대교
② 김포대교
③ 강화대교
④ 안양대교

● Advice 영동대교는 서울 성동구에 소재해 있는 다리이다.

32 경기도에 소재한 호수가 아닌 것은?

① 소양호
② 청평호
③ 백운호수
④ 산정호수

● Advice 소양호는 강원도 춘천시에 소재한 호수이다.

33 국립수목원이 있는 곳은?

① 포천시 동교동
② 포천시 소흘읍
③ 동두천시 생연동
④ 연천군 은대리

● Advice 국립수목원은 경기도 포천시 소흘읍 광동수목원로에 위치해 있다.

34 의정부시, 양주시, 동두천시를 잇는 도로는?

① 자유로
② 호국로
③ 평화로
④ 통일로

● Advice 평화로는 서울시 도봉구 도봉동과 경기도 연천군 연선읍 옥산리를 연결하는 도로로 의정부시, 양주시, 동두천시, 연천군을 지난다.

35 경부고속도로와 외곽순환고속도로가 만나는 곳은?

① 호법JC
② 판교JC
③ 신갈JC
④ 하남JC

● Advice 경부고속도로와 외곽순환고속도로는 경기도 성남시 분당구의 판교JC에서 만난다.

36 양주시에 소재한 저수지가 아닌 것은?

① 효촌저수지
② 직천저수지
③ 신암저수지
④ 원당저수지

● Advice 직천저수지는 경기도 파주시에 속해 있다.

정답 ▶ 31.① 32.① 33.② 34.③ 35.② 36.②

37 마성IC가 있는 곳은?

① 용인시
② 군포시
③ 파주시
④ 양주시

● Advice 마성IC는 경기도 용인시 처인구에 위치해 있다.

38 광주시청에서 가장 가까운 고속도로는?

① 외곽순환고속도로
② 영동고속도로
③ 경부고속도로
④ 중부고속도로

● Advice 경기 광주시청은 경기도 광주시 송정동에 위치해 있으며, 중부고속도로와 가장 가깝다.

39 강남대학교가 있는 곳은?

① 성남시 수정구
② 용인시 처인구
③ 용인시 기흥구
④ 용인시 수지구

● Advice 강남대학교는 용인시 기흥구 구갈동에 위치해 있다.

40 자유로와 통일로가 만나는 곳은?

① 파주시 문산읍
② 파주시 탄현면
③ 고양시 일산서구
④ 고양시 덕양구

● Advice 자유로와 통일로는 파주시 문산읍 초평도 부근 자유IC에서 만난다.

41 남한산성이 있는 곳은?

① 성남시
② 광주시
③ 하남시
④ 용인시

● Advice 남한산성은 경기도 광주시 남한산성면에 위치해 있다.

42 하남시청에서 수종사로 가려면 어느 다리를 건너야 하는가?

① 미사대교
② 양수대교
③ 팔당대교
④ 광동교

● Advice 수종사는 경기도 남양주시에 위치한 절로 하남시청에서 수종사를 가려면 팔당대교를 건너야 한다.

> 정답 37.① 38.④ 39.③ 40.① 41.② 42.③

43 킨텍스가 있는 곳은?

① 고양시 일산서구
② 고양시 일산동구
③ 고양시 덕양구
④ 김포시 사우동

● Advice 킨텍스는 경기도 고양시 일산서구 킨텍스로에 위치해 있다.

44 고양시 덕양구에 있는 역이 아닌 것은?

① 구파발역
② 대곡역
③ 화정역
④ 원당역

● Advice 구파발역은 서울 은평구에 위치해 있다.

45 이동저수지가 있는 곳은?

① 광주시 송정동
② 이천시 창전동
③ 용인시 기흥구
④ 용인시 처인구

● Advice 이동저수지는 경기도 용인시 처인구에 위치해 있다.

46 경기도에 소재한 고속도로 휴게소가 아닌 것은?

① 죽전휴게소
② 입장휴게소
③ 덕평휴게소
④ 가평휴게소

● Advice 입장휴게소는 충남 천안시에 위치해 있다.

47 허브아일랜드가 있는 곳은?

① 포천시
② 가평군
③ 연천군
④ 동두천시

● Advice 허브아일랜드는 경기도 포천시 신북면 청신로에 위치해 있다.

48 한국항공대학교가 있는 곳은?

① 부천시 오정구
② 고양시 덕양구
③ 수원시 장안구
④ 안양시 만안구

● Advice 한국항공대학교는 경기도 고양시 덕양구 항공대학로에 위치해 있다.

정답 ▶ 43.① 44.① 45.④ 46.② 47.① 48.②

49 행주산성이 있는 곳은?

① 구리시 인창동
② 김포시 고촌읍
③ 고양시 덕양구
④ 하남시 봉담읍

● Advice 행주산성은 경기도 고양시 덕양구 행주내동에 위치해 있다.

50 한국민속촌이 있는 곳은?

① 용인시 수지구
② 용인시 기흥구
③ 수원시 권선구
④ 수원시 팔달구

● Advice 한국민속촌은 경기도 용인시 기흥구 민속촌로에 위치해 있다.

51 공룡알 화석지가 있는 곳은?

① 시흥시
② 안산시
③ 수원시
④ 화성시

● Advice 공룡알화석지는 경기도 화성시 송산면에 위치해 있다.

52 동두천시에 있는 산은?

① 수락산
② 사패산
③ 소요산
④ 천보산

● Advice 소요산은 경기도 동두천시에 위치해 있다.

53 팔당역에서 하남시청을 가려면 어느 다리를 건너야 하는가?

① 올림픽대교
② 팔당대교
③ 미사대교
④ 강동대교

● Advice 팔당역에서 하남시청을 가려면 팔당대교를 건너는 것이 가장 빠르다.

54 성남시와 관련이 없는 것은?

① 렛츠런파크(경마공원)
② 동서울대학교
③ 남한산성 입구역
④ 판교신도시

● Advice 렛츠런파크(경마공원)은 경기도 과천시에 위치해 있다.

정답 49.③ 50.② 51.④ 52.③ 53.② 54.①

55 수원-용인-이천시를 지나는 도로는?

① 39번 국도
② 42번 국도
③ 43번 국도
④ 47번 국도

● Advice 42번 국도는 [인천역(인천 중구)]-[경기도(시흥-안산-수원-용인-이천-여주)]-[강원도(원주-평창-정선-동해)]에 이르는 도로이다.

56 경기주택도시공사가 있는 곳은?

① 의왕시 내손동
② 성남시 분당구
③ 수원시 권선구
④ 과천시 갈현동

● Advice 경기주택도시공사는 경기도 수원시 권선구 권중로에 위치해 있다.

57 미사경정공원이 있는 곳은?

① 의정부시
② 남양주시
③ 구리시
④ 하남시

● Advice 미사경정공원은 경기도 하남시 미사동에 위치해 있다.

58 연천군에 소재하지 않은 곳은?

① 전곡읍
② 퇴촌면
③ 청산면
④ 백학면

● Advice 퇴촌면은 경기도 광주시에 속해 있다.

59 경기도에 있는 운전면허시험장이 아닌 곳은?

① 북부운전면허시험장
② 용인운전면허시험장
③ 의정부운전면허시험장
④ 안산운전면허시험장

● Advice 북부운전면허시험장은 부산광역시 사상구에 위치해 있다.

60 한세대학교가 있는 곳은?

① 안산시
② 오산시
③ 군포시
④ 의왕시

● Advice 한세대학교는 경기도 군포시 당정동에 위치해 있다.

정답 ▶ 55.② 56.③ 57.④ 58.② 59.① 60.③

61 경기도에 소재한 섬이 아닌 것은?

① 오이도　　② 남이섬
③ 대부도　　④ 제부도

● Advice 남이섬은 강원도 춘천시에 위치한 섬이다.

62 월곶포구가 있는 곳은?

① 화성시　　② 안산시
③ 부천시　　④ 시흥시

● Advice 월곶포구는 경기도 시흥시 월곶동에 위치해 있다.

63 서해안고속도로가 지나지 않는 곳은?

① 김포시
② 시흥시
③ 안산시
④ 화성시

● Advice 서해안고속도로는 금천IC(서울 금천)에서 죽림JC(전남 무안)에 이르는 고속도로로 광명시, 시흥시, 안산시, 화성시, 평택시 등을 지나간다.

64 수원시와 인접해 있는 시는?

① 하남시
② 광명시
③ 군포시
④ 평택시

● Advice 수원시에 인접해 있는 시에는 군포시, 안산시, 의왕시, 용인시, 화성시 등이 있다.

65 영동고속도로와 중부내륙고속도로가 만나는 곳은?

① 광주시
② 이천시
③ 여주시
④ 양평군

● Advice 영동고속도로와 중부내륙고속도로는 경기도 여주시 가남읍 본두리 여주JC에서 만난다.

66 에버랜드가 있는 곳은?

① 성남시 중원구
② 용인시 기흥구
③ 용인시 수지구
④ 용인시 처인구

● Advice 에버랜드는 용인시 처인구 포곡읍에 위치해 있다.

67 노고산이 있는 곳은?

① 양주시
② 파주시
③ 김포시
④ 남양주시

● Advice 노고산은 경기도 양주시 장흥면에 위치해 있다.

정답 61.② 62.④ 63.① 64.③ 65.③ 66.④ 67.①

68 운계폭포가 있는 곳은?

① 양평군
② 가평군
③ 하남시
④ 파주시

● Advice 운계폭포는 경기도 파주시 적성면에 위치해 있다.

69 고양시청에서 가장 가까운 지하철은?

① 1호선
② 2호선
③ 3호선
④ 4호선

● Advice 고양시청에서 가장 가까운 지하철 역은 3호선 원당역이다.

70 죽주산성이 있는 곳은?

① 용인시
② 안성시
③ 광주시
④ 남양주시

● Advice 죽주산성은 경기도 안성시 죽산면 죽양대로에 위치해 있다.

71 38번 국도가 이어지는 곳은?

① 평택시 – 안성시
② 오산시 – 평택시
③ 용인시 – 이천시
④ 양평군 – 여주시

● Advice 38번 국도는 충남 서산에서 강원 동해에 이르는 도로로 평택시와 안성시를 지나간다.

72 융릉이 있는 곳은?

① 수원시
② 화성시
③ 안성시
④ 오산시

● Advice 융릉은 경기도 화성시 효행로에 위치해 있다

73 경의중앙선에 있는 역이 아닌 것은?

① 일산역
② 주엽역
③ 탄현역
④ 운정역

● Advice 주엽역은 지하철 3호선에 있다.

정답 ▶ 68.④ 69.③ 70.② 71.① 72.② 73.②

74 송추폭포가 있는 곳은?

① 포천시
② 가평군
③ 양주시
④ 파주시

● Advice 송추폭포는 경기도 양주시 장흥면에 위치해 있다.

75 성남시 분당구에 소재한 동이 아닌 것은?

① 복정동
② 구미동
③ 수내동
④ 야탑동

● Advice 복정동은 성남시 수정구에 속해 있다.

76 명성황후생가가 있는 곳은?

① 광주시
② 양평군
③ 여주시
④ 남양주시

● Advice 명성황후생가는 경기도 여주시 능현동에 위치해 있다.

77 안성시에 있는 호수가 아닌 것은?

① 고삼호수
② 왕송호수
③ 용설호수
④ 금광호수

● Advice 왕송호수는 경기도 의왕시 초평동에 위치해 있다.

78 덕포진이 있는 곳은?

① 김포시
② 부천시
③ 시흥시
④ 안산시

● Advice 덕포진은 경기도 김포시 대곶면에 위치해 있다.

79 한강에 인접해 있지 않은 곳은?

① 김포시
② 과천시
③ 파주시
④ 하남시

● Advice 경기도의 행정구역 중 한강에 인접해 있는 곳은 김포시, 파주시, 고양시, 구리시, 하남시, 남양주시, 가평군 등이 있다.

정답 74.③ 75.① 76.③ 77.② 78.① 79.②

80 서삼릉과 서오릉이 있는 곳은?

① 고양시 덕양구
② 양주시 옥정동
③ 양평군 양평읍
④ 연천군 은대리

● Advice 서삼릉과 서오릉은 모두 경기도 고양시 덕양구에 속해 있다.

81 옥구공원이 있는 곳은?

① 화성시
② 안산시
③ 시흥시
④ 평택시

● Advice 옥구도자연공원은 경기도 시흥시 서해안로에 위치해 있다.

82 영동고속도로와 서해안고속도로가 만나는 곳은?

① 안산시
② 군포시
③ 안양시
④ 광명시

● Advice 영동고속도로와 서해안고속도로는 안산JC(경기도 안산시 상록구 부곡동)에서 만난다.

83 서로 인접한 산끼리 묶인 것은?

① 심학산 – 파평산
② 수리산 – 관악산
③ 검단산 – 용마산
④ 청계산 – 불암산

● Advice 검단산과 용마산은 각각 하남시와 광주시에 있는 산으로 서로 인접해 있다.

84 고달사지가 있는 곳은?

① 파주시
② 여주시
③ 연천군
④ 이천시

● Advice 고달사지는 경기도 여주시 북내면에 속해 있다.

85 다산유적지가 있는 곳은?

① 광주시
② 가평군
③ 구리시
④ 남양주시

● Advice 다산유적지는 경기도 남양주시 조안면에 위치해 있다.

정답 ▶ 80.① 81.③ 82.① 83.③ 84.② 85.④

86 팔당호에 있는 섬은?

① 어섬
② 남이섬
③ 소내섬
④ 자라섬

> **Advice** ① 경기도 화성시 송산면
> ② 강원도 춘천시 남산면
> ④ 경기도 가평군 가평읍

87 아침고요수목원이 있는 곳은?

① 가평군
② 양평군
③ 포천시
④ 동두천시

> **Advice** 아침고요수목원은 경기도 가평군 상면에 위치해 있다.

88 서울예술대학교가 있는 곳은?

① 부천시 오정구
② 부천시 소사구
③ 안산시 상록구
④ 안산시 단원구

> **Advice** 서울예술대학교는 경기도 안산시 단원구 예술대학로에 위치해 있다.

89 경기도를 지나지 않는 지하철은?

① 1호선
② 2호선
③ 3호선
④ 4호선

> **Advice** 지하철 2호선은 서울특별시 내에서만 다닌다.

90 안양시에 소재한 역이 아닌 것은?

① 범계역
② 평촌역
③ 인덕원역
④ 금정역

> **Advice** 금정역은 경기도 군포시에 속해 있다.

91 경기도문화의전당이 있는 곳은?

① 수원시
② 용인시
③ 과천시
④ 성남시

> **Advice** 경기도문화의전당은 수원시 팔달구 효원로에 위치해 있다.

정답 86.③ 87.① 88.④ 89.② 90.④ 91.①

92 고려호텔이 있는 곳은?

① 김포시
② 부천시
③ 안산시
④ 고양시

● Advice 고려호텔은 경기도 부천시에 위치해 있다.

93 의정부시-고양시-부천시를 지나는 도로는?

① 1번 국도
② 6번 국도
③ 38번 국도
④ 39번 국도

● Advice 39번 국도는 경기도 의정부시에서 충남 부여에 이르는 도로로 의정부시, 고양시, 부천시 등을 지난다.

94 북한과 인접하지 않은 곳은?

① 포천시
② 연천군
③ 파주시
④ 김포시

● Advice 북한과 인접한 경기도 내 행정구역은 김포시, 파주시, 연천군이다.

95 부천시에 소재한 구가 아닌 것은?

① 원미구
② 소사구
③ 중원구
④ 오정구

● Advice 중원구는 경기도 성남시에 속해 있다.

96 한신대학교가 있는 곳은?

① 용인시
② 평택시
③ 오산시
④ 안성시

● Advice 한신대학교는 경기도 오산시 한산대길에 위치해 있다.

97 경순왕릉이 있는 곳은?

① 동두천시 지행동
② 고양시 일산서구 덕이동
③ 연천군 장남면
④ 포천시 선단동

● Advice 경순왕릉은 경기도 연천군 장남면에 위치해 있다.

정답 92.② 93.④ 94.① 95.③ 96.③ 97.③

98 통일동산이 있는 곳은?

① 파주시 광탄면
② 파주시 탄현면
③ 연천군 군남면
④ 김포시 월곶면

⦁Advice 통일동산은 경기도 파주시 탄현면에 위치해 있다.

99 정발산이 있는 곳은?

① 김포시　　② 고양시
③ 파주시　　④ 부천시

⦁Advice 정발산은 경기도 고양시 일산동구에 위치해 있다.

100 유명산자연휴양림이 있는 곳은?

① 양평군 용문면
② 가평군 가평읍
③ 가평군 상면
④ 가평군 설악면

⦁Advice 유명산자연휴양림은 경기도 가평군 설악면에 위치해 있다.

101 계원예술대학교가 위치하고 있는 곳은?

① 의왕시
② 의정부시
③ 군포시
④ 오산시

⦁Advice 계원예술대학교는 경기도 의왕시에 위치하고 있다.

102 대림대학교가 위치하고 있는 곳은?

① 안산시
② 군포시
③ 안양시
④ 시흥시

⦁Advice 대림대학교는 경기도 안양시 동안구에 위치해 있다.

103 윤관장군 묘가 위치하고 있는 곳은?

① 파주시
② 하남시
③ 연천군
④ 가평군

⦁Advice 윤관장군 묘는 경기 파주시 광탄면에 위치해 있다.

104 고구려 대장간 마을이 위치하고 있는 곳은?

① 부천시
② 광명시
③ 평택시
④ 구리시

⦁Advice 고구려 대장간 마을은 경기도 구리시에 위치해 있다.

정답 ▶ 98.② 99.② 100.④ 101.① 102.③ 103.① 104.④

03 인천광역시

01 주요 관공서 및 공공건물 위치

(1) 주요 관공서

소재지	명칭
강화군	강화군청(강화읍), 강화교육지원청(불은면), 강화군 보건소(강화읍), 강화군 농업기술센터(불은면)
계양구	계양구청(계산동), 고용노동부 인천북부지청(계산동), 인천교통연수원(계산동), 북인천세무서(작전동)
미추홀구	미추홀구청(숭의동), 옹진군청(용현동), 인천보훈지청(도화동), 인천지방법원(학익동), 인천지방검찰청(학익동), 선고관리위원회(도화동), 경인방송(학익동), TBN 경인교통방송(학익동), 상수도사업본부(도화동), 종합건설본부(도화동), 여성복지관(주안동)
남동구	남동구청(만수동), 인천교통공사(간석동), 인전교통정보센터(간석3동), 남인천세무서(간석2동), 인천운전면허시험장(고잔동), 인천광역시청(구월동), 인천광역시교육청(구월동), 인천지방경찰청(구월동), 인천상공회의소(논현동), 인천시 농부교육시원청(민수1동), 인천문화예술회관(구월동), 한국교통안전공단 인천본부(간석동)
동구	동구청(송림동), 인천세무서(창영동), 송림우체국(송림동), 청소년상담복지센터(송림동)
부평구	부평구청(부평동), 인천북부교육지원청(부평동), 안전보건공단 인천본부(구산동), 농업기술센터(십정동)
서구	서구청(심곡동), 인천광역시 인재개발원(심곡동), 서부교육지원청(공촌동), 서부어성회관(석남동), 인천연구원(심곡동)
연수구	연수구청(동춘동), 중부지방해양경찰청(송도동), 인천경제자유구역청(송도동), 여성의광장(동춘동)
중구	중구청(관동1가), 인천항만공사(신흥동), 남부교육지원청(송학동1가), 인천국제공항공사(운서동), 인천기상대(전동), 인천지방해양수산청(신포동), 국립인천검역소(항동7가), 인천출입국외국인청(신포동), 보건환경연구원(신흥동2가)

(2) 공공건물

소재지	명칭
강화군	강화경찰서(강화읍), 안양대학교 강화캠퍼스(불은면), 인천가톨릭대학교 강화캠퍼스(양도면), 강화소방서(강화읍), 강화병원(강화읍)
계양구	계양경찰서(계산동), 경인교육대학교(계산동), 경인여자대학교(계산동), 한마음병원(작전동), 메디플렉스세종병원(작전동), 계양소방서(계산동)
미추홀구	미추홀경찰서(학익동), 청운대학교 인천캠퍼스(도화동), 인천대학교 제물포캠퍼스(도화동), 인하대학교(용현동), 한국폴리텍대학 남인천캠퍼스(주안동), 인하공업전문대학(용현동), 인천고등학교(주안동), 인천사랑병원(주안동), 현대유비스병원(숭의동), 미추홀소방서(주안동)
남동구	남동경찰서(구월동), 인천교통공사(간석동), 가천의과학대학교 길병원(구월동), 한국방송통신대학교 인천지역대학(구월동), 남동소방서(구월동), 공단소방서(고잔동)
동구	인천광역시의료원(송림동), 인천배병원(송림동), 인천재능대학교(송림동)
부평구	부평경찰서(청천동), 삼산경찰서(삼산동), 근로복지공단 인천병원(구산동), 인천성모병원(부평동), 부평세림병원(청천동), 묵인전우체국(부평1동), 한국폴리텍대학 인천캠퍼스(구산동), 부평고등학교(부평4동), 부평소방서(갈산동)
서구	서부경찰서(심곡동), 인천시설공단(연희동), 나은병원(가좌동), 온누리병원(왕길동), 은혜병원(심곡동), 석민병원(석남동), 서부소방서(심곡동)
연수구	연수경찰서(연수동), 인천관광공사(송도동), 인천환경공단(동춘동), 한국도로교통공단 인천지부(옥련동), 인천대학교 송도캠퍼스(송도동), 연세내학교 국제캠퍼스(송도동), 가천대학교 메디컬캠퍼스(연수동), 인천가톨릭대학교 송도국제캠퍼스(송도동), 인천여자고등학교(연수3동), 인천적십자병원(연수동), 나사렛국제병원(동춘동), 인천해양경찰서(옥련동)
중구	중부경찰서(항동2가), 인하대병원(신흥동3가), 인천기독병원(율목동), 영종소방서(운서동), 제물포고등학교(전동), 인천국제공항공사(운서동)

02 호텔 및 관광명소 위치

(1) 주요 호텔 및 관광명소

소재지	명칭
강화군	강화로얄워터파크 유스호스텔(길상면), 강화성당(강화읍), 전등사(보물178호)(길상면), 정수사(화도면), 교동향교(교동면), 교동읍성(교동면), 대룡시장(교동면), 보문사(삼산면), 동막해수욕장(화도면)
옹진군	백령도(백령면), 망향비(연평면), 대청도(대청면), 십리포 해수욕장(영흥면), 자월도(자월면), 사곶해변(백령면), 콩돌해안(백령면), 두무진(백령면), 모도(북도면)
계양구	호텔카리스(작전동), 반도호텔(작전동), 캐피탈관광호텔(계산동), 계양산(목상동), 계양산성(계산동)
미추홀구	송암미술관(학익동), 더바스텔(주안동), 인천문학경기장(문학동), 인천향교(문학동), 문학산(문학동)
남동구	베스트웨스턴 인천로얄호텔(간석동), 라마다인천호텔(논현동), 인천대공원(장수동), 소래포구(논현동), 약사사(간석동)
동구	배다리성냥마을박물관(금곡동), 수도국산달동네박물관(송현동), 도깨비시장(창영동), 화도진지(화수동), 작약도(만석동)
부평구	부평공원(부평동), 부평역사박물관(삼산동), 인천나비공원(청천1동), 인천 삼산월드 체육관(삼산동), 인천가족공원(부평동)
서구	검단선사박물관(원당동), 청라중앙호수공원(경서동), 청라지구 생태공원(경서동), 인천아시아드주경기장(연희동), 콜롬비아군 참전기념비(가정동)
연수구	인천도시역사관(송도동), 라마다송도호텔(동춘동), 쉐라톤그랜드인천호텔(송도동), 홀리데이인 인천송도(송도동), 오라카이 송도파크호텔(송도동), 아암도해안공원(옥련동), 능허대공원(옥련동), 인천상륙작전기념관(옥련동), 인천시립박물관(옥련동), 흥륜사(동춘동), 호불사(옥련동), 청량산(청학동)
중구	한국이민사박물관(북성동1가), 베니키아 월미도 더블리스 호텔(북성동1가), 호텔월미도(북성동1가), 올림포스 호텔(항동1가), 베스트웨스턴 하버파크호텔(항동3가), 그랜드하얏트 인천(운서동), 에어스테이(운서동), 더호텔영종(운서동), 네스트호텔(운서동), 호텔휴인천에어포트(운서동), 인천 파라다이스 시티호텔(운서동), 베스트웨스턴프리미어 인천에어포트(운서동), 인천공항비치호텔(을왕동), 위너스관광호텔(을왕동), 영종스카이리조트(을왕동), 월미테마파크(북성동1가), 마이랜드(북성동1가), 인천차이나타운(북성동2가), 인천중구문화원(신흥동3가), 송월동동화마을(송월동3가), 자유공원(송학동1가), 신포국제시장(신포동), 용궁사(운남동), 제물포구락부(송학동1가), 을왕리해수욕장(을왕동), 왕산해수욕장(을왕동), 영종도(운남동)

03 주요 고속도로 및 간선도로 등

(1) 고속도로

소재지	명칭
경인고속도로	서인천IC(시점) ~ 신월IC
제2경인고속도로	인천(시점) ~ 삼막IC
인천대교고속도로	공항신도시JC ~ 학익JC
영동고속도로	인천(시점) ~ 안산JC
인천국제공항고속도로	인천(시점) ~ 북로JC
수도권제2순환고속도로	인천(시점) ~ 서김포통진IC

(2) 구별 간선도로

소재지	명칭
강화군	강화대로
계양구	계양대로, 아나지로, 안남로
미추홀구	미추홀대로, 아암대로, 인주대로, 인천대로, 경인로, 구월로, 석정로, 송림로, 주안로, 소성로, 한나루로
남동구	남동대로, 무네미로, 백범로, 수인로, 호구포로, 인하로, 청능대로
동구	봉수대로, 중봉대로, 서해대로, 인중로, 동산로
부평구	부평대로, 동수천로, 마장로, 부일로, 부평문화로, 부흥로, 수변로, 열우물로, 장제로, 주부토로, 평천로
서구	경명대로, 봉오대로, 길주로, 드림로, 로봇랜드로, 서곶로, 원적로, 장고개로
연수구	경원대로, 비류대로
중구	영종해안북로

04 주요 철도역, 버스터미널, 공항 등 교통시설

(1) 철도역, 공항 등

소재지	명칭
중구	인천국제공항 여객터미널, 인천항 연안여객터미널
연수구	인천항 국제여객터미널
서구	경인아라뱃길여객터미널(오류동)
미추홀구	인천종합버스터미널

(2) 터널

명칭	구간
만월산터널	부평구 부평6동 ~ 남동구 간석3동
문학터널	연수구 청학동 ~ 미추홀구 학익동
원적산터널	서구 석남동 ~ 부평구 산곡동

실전 연습문제

1 인천광역시청이 있는 곳은?

① 미추홀구
② 남동구
③ 부평구
④ 서구

● Advice 인천광역시청은 남동구에 위치해 있다.

2 제2경인고속도로와 영동고속도로가 만나는 곳은?

① 남동구
② 연수구
③ 미추홀구
④ 부평구

● Advice 제2경인고속도로와 영동고속도로는 서창JC(인천광역시 남동구 서창동)에서 만난다.

3 옹진군청이 있는 곳은?

① 연수구
② 중구
③ 미추홀구
④ 남동구

● Advice 옹진군청은 인천광역시 미추홀구 용현동에 위치해 있다.

4 미추홀구에 소재한 역이 아닌 것은?

① 제물포역
② 도화역
③ 주안역
④ 동인천역

● Advice 도원역은 인천 중구에 속해 있다.

5 부평구에 있는 산이 아닌 것은?

① 장수산
② 원적산
③ 철마산
④ 천마산

● Advice 천마산은 인천 계양구에 속해 있다.

6 경인교육대학교가 있는 곳은?

① 서구
② 부평구
③ 계양구
④ 중구

● Advice 경인교육대학교는 인천 계양구 계산로에 위치해 있다.

정답 1.② 2.① 3.③ 4.④ 5.④ 6.③

7 인천광역시에 속한 섬이 아닌 것은?

① 백령도
② 풍도
③ 연평도
④ 석모도

> **Advice** 풍도는 경기도 안산시에 속해 있다.

8 인천항이 있는 곳은?

① 중구 항동
② 중구 송학동
③ 서구 백석동
④ 동구 만석동

> **Advice** 인천항은 중구 항동에 위치해 있다.

9 중구에 소재하지 않은 것은?

① 인천국제공항
② 인하대학교
③ 을왕리해수욕장
④ 삼목여객터미널

> **Advice** 인하대학교는 미추홀구 인하로에 위치해 있다.

10 지하철 1호선과 인천 1호선이 만나는 역은?

① 부평역
② 계산역
③ 갈산역
④ 간석역

> **Advice** 지하철 1호선과 인천 1호선은 부평역에서 만난다.

11 연수구에 소재한 동이 아닌 것은?

① 동춘동
② 송도동
③ 옥련동
④ 숭의동

> **Advice** 숭의동은 미추홀구에 속해 있다.

12 수봉산이 있는 곳은?

① 남동구 장수동
② 남동구 논현동
③ 미추홀구 주안동
④ 미추홀구 용현동

> **Advice** 수봉산은 미추홀구 주안동에 위치해 있다.

정답 7.② 8.① 9.② 10.① 11.④ 12.③

13 인천광역시에 소재한 다리가 아닌 것은?

① 초지대교
② 서해대교
③ 인천대교
④ 영종대교

> ● Advice 서해대교는 충남 당진시에 소재한 다리이다.

14 인천문학경기장이 있는 곳은?

① 연수구
② 중구
③ 남동구
④ 미추홀구

> ● Advice 인천문학경기장은 미추홀구 문학동에 위치해 있다.

15 소래습지생태공원이 있는 곳은?

① 남동구
② 서구
③ 미추홀구
④ 동구

> ● Advice 소래습지생태공원은 남동구 논현동에 위치해 있다.

16 인천지방경찰청 앞에 있는 역은?

① 인천터미널역
② 인천시청역
③ 예술회관역
④ 선학역

> ● Advice 인천지방경찰청은 남동구 구월동에 위치해 있으며, 예술회관역에 인접해 있다.

17 중구에 소재하지 않는 것은?

① 마이랜드
② 월미공원
③ 인천광역시의료원
④ 신포역

> ● Advice 인천광역시의료원은 동구 송림동에 위치해 있다.

18 중구 전동에 소재하는 것은?

① 인천상공회의소
② 인천교통공사
③ 인천남부경찰서
④ 인천기상대

> ● Advice ① 남동구 논현동
> ② 남동구 간석동
> ③ 미추홀구 학익동

> **정답** 13.② 14.④ 15.① 16.③ 17.③ 18.④

19 부평구에 위치해 있는 것은?

① 인천나누리병원
② 인천광역시인재개발원
③ 인천아시아드 주경기장
④ 인천상륙작전기념관

> Advice　② 서구 심곡동
> 　　　　③ 서구 연희동
> 　　　　④ 연수구 옥련동

20 인천대공원이 있는 곳은?

① 미추홀구 용현동
② 남동구 장수동
③ 남동구 고잔동
④ 동구 만석동

> Advice　인천대공원은 남동구 장수동에 위치해 있다.

21 강화군에 소재한 산이 아닌 것은?

① 혈구산
② 노적산
③ 관악산
④ 진강산

> Advice　관악산은 경기 과천시에 소재한 산이다.

22 인천여성의광장이 있는 곳은?

① 연수구
② 중구
③ 미추홀구
④ 서구

> Advice　인천여성의광장은 연수구에 위치해 있다.

23 남동구와 부평구를 연결하는 터널은?

① 만월산터널
② 원적산터널
③ 문학터널
④ 동춘터널

> Advice　만월산터널은 남동구 간석동에서 부평구 부평동을 연결하는 터널이다.

24 인천문학경기장을 둘러싼 도로가 아닌 것은?

① 매소홀로
② 경원대로
③ 미추홀대로
④ 제2경인고속도로

> Advice　미추홀대로는 주안역삼거리(인천 미추홀구)에서 인천시 연수구 동춘동에 이르는 도로로 인천문학경기장 주변을 지나지 않는다.

정답　19.① 20.② 21.③ 22.① 23.① 24.③

25 인천남부경찰서가 있는 곳은?

① 미추홀구 승의동
② 미추홀구 학익동
③ 연수구 송도동
④ 연수구 옥련동

● Advice 인천남부경찰서는 미추홀구 학익동에 위치해 있다.

26 미추홀구에 소재한 공원이 아닌 것은?

① 미추홀공원
② 관교공원
③ 석바위공원
④ 건지공원

● Advice 건지공원은 서구 가좌동에 위치해 있다.

27 인천축구전용경기장이 있는 곳은?

① 중구
② 서구
③ 계양구
④ 동구

● Advice 인천축구전용경기장은 인천 중구에 위치해 있다.

28 부평공원에 인접한 역이 아닌 것은?

① 백운역
② 부평역
③ 동수역
④ 부천역

● Advice 부평공원은 인천광역시 부평구 부평동에 위치해 있으며 백운역, 부평역, 동수역이 인접해 있다.

29 해양경찰청이 있는 곳은?

① 연수구
② 남동구
③ 미추홀구
④ 중구

● Advice 해양경찰청은 연수구 송도동에 위치해 있다.

30 연수구에 소재한 역이 아닌 것은?

① 송도역
② 원인재역
③ 호구포역
④ 동춘역

● Advice 호구포역은 남동구 논현동에 소재해 있다.

> 정답 25.② 26.④ 27.① 28.④ 29.① 30.③

31 마니산이 소재한 곳은?

① 연수구
② 강화군
③ 계양구
④ 서구

● Advice 마니산은 강화군 화도면에 소재해 있다.

32 가톨릭대학교인천성모병원이 있는 곳은?

① 동구
② 부평구
③ 남동구
④ 서구

● Advice 가톨릭대학교인천성모병원은 부평구 동수로에 위치해 있다.

33 중구 율목동에 소재하지 않은 것은?

① 인천기독병원
② 인천광역시 보건환경연구원
③ 인천광역시립 율목도서관
④ 율목어린이공원

● Advice 인천광역시 보건환경연구원은 중구 신흥동에 위치해 있다.

34 백운공원이 있는 곳은?

① 연수구
② 미추홀구
③ 남동구
④ 부평구

● Advice 백운공원은 부평구 십정동에 위치해 있다.

35 공항철도가 지나가는 역이 아닌 것은?

① 운서역
② 청라국제도시역
③ 계산역
④ 검암역

● Advice 계산역은 인천1호선이 지나간다.

36 미추홀구청소년수련관이 있는 곳은?

① 숭의동
② 주안동
③ 문학동
④ 도화동

● Advice 미추홀구청소년수련관은 미추홀구 숭의동에 위치해 있다.

정답 31.② 32.② 33.② 34.④ 35.③ 36.①

37 하버파크호텔이 있는 곳은?

① 동구 만석동
② 중구 관동
③ 중구 운서동
④ 중구 항동

● Advice 하버파크호텔은 중구 항동에 위치해 있다.

38 인천광역시를 지나는 국도가 아닌 것은?

① 1번 국도
② 6번 국도
③ 42번 국도
④ 46번 국도

● Advice 1번 국도는 신항교차로(전남 목포)에서 자유IC(경기 파주)에 이르는 도로로 인천광역시를 지나지 않는다.

39 인천관세법인이 있는 곳은?

① 중구
② 동구
③ 옹진군
④ 미추홀구

● Advice 인세관세법인은 중구에 위치해 있다.

40 강화군에 소재한 저수지가 아닌 것은?

① 대산저수지
② 고려저수지
③ 도창저수지
④ 길정저수지

● Advice 도창저수지는 경기도 시흥시에 소재한 저수지이다.

41 인천광역시에 소재한 터널이 아닌 것은?

① 생태터널
② 매소홀터널
③ 옥련터널
④ 소래터널

● Advice 소래터널은 경기도 시흥시에 소재한 터널이다.

42 중구에 소재한 섬이 아닌 것은?

① 작약도
② 영종도
③ 용유도
④ 실미도

● Advice 작약도는 동구 만석동에 속해 있다.

정답 ▶ 37.④ 38.① 39.① 40.③ 41.④ 42.①

43 남동구의 간석동과 만수동을 지나는 도로는?

① 경인로
② 주안로
③ 백범로
④ 인하로

> **Advice** 백범로는 장수사거리(인천 남동)에서 현대제철북문(인천 서구)에 이르는 도로로 남동구의 간석동과 만수동을 꿰뚫고 지나간다.

44 남동구청이 있는 곳은?

① 간석동
② 만수동
③ 고잔동
④ 장수동

> **Advice** 남동구청은 남동구 만수동에 위치해 있다.

45 광성보가 있는 곳은?

① 서구 오류동
② 강화군 강화읍
③ 강화군 삼산면
④ 강화군 불은면

> **Advice** 광성보는 인천 강화군 불은면 덕성리에 위치해 있다.

46 경기도와 인접해 있는 행정구역이 아닌 곳은?

① 중구
② 계양구
③ 서구
④ 부평구

> **Advice** 인천광역시 중구, 서구, 미추홀구, 연수구와 인접해 있다.

47 은암자연과학박물관이 있는 곳은?

① 강화군 송해면
② 중구 북성동
③ 서구 검암동
④ 계양구 서운동

> **Advice** 은암자연과학박물관은 강화군 송해면에 위치해 있다.

48 인천택시운송사업조합이 있는 곳은?

① 미추홀구 학익동
② 미추홀구 용현동
③ 남동구 만수동
④ 남동구 구월동

> **Advice** 인천택시운송사업조합은 남동구 구월동에 위치해 있다.

> **정답** 43.③ 44.② 45.④ 46.① 47.① 48.④

49 인천대공원을 둘러싼 도로가 아닌 것은?

① 수인로
② 무네미로
③ 외곽순환고속도로
④ 매소홀로

● Advice 매소홀로는 중구 항동에서 남동구 구월동에 이르는 도로로 인천대공원에 인접해 있지 않다.

50 동구 송림동에 소재하지 않은 것은?

① 인천광역시의료원
② 인천백병원
③ 인천적십자병원
④ 인천재능대학교

● Advice 인천적십자병원은 연수구 연수동에 위치해 있다.

51 연수구에 위치한 것은?

① 라마다송도호텔
② 인하공업전문대학
③ 인천공항소방서
④ 인천광역시교통연수원

● Advice ② 미추홀구
③ 중구
④ 계양구

52 인천가족공원묘지가 있는 곳은?

① 서구 가좌동
② 서구 석남동
③ 부평구 부개동
④ 부평구 부평동

● Advice 인천가족공원묘지는 부평구 부평동에 위치해 있다.

53 두리생태공원이 있는 곳은?

① 미추홀구
② 서구
③ 계양구
④ 중구

● Advice 두리생태공원은 계양구에 위치해 있다.

54 서울외곽순환고속도로와 인천국제공항고속도로가 만나는 곳은?

① 남동구
② 서구
③ 부평구
④ 계양구

● Advice 외곽순환고속도로와 인천국제공항고속도로는 노오지JC(계양구 굴현동)에서 만난다.

정답 ▶ 49.④ 50.③ 51.① 52.④ 53.③ 54.④

55 남동구에 위치해 있는 역은?

① 인천역
② 인천대공원역
③ 동인천역
④ 도원역

> **Advice** 인천대공원역은 인천 2호선역으로 인천 남동구 수인로에 위치해 있다.

56 연수구 동춘동에 소재한 것은?

① 나사렛국제병원
② 송도유원지
③ 인천대공원
④ 인천운전면허시험장

> **Advice**
> ② 연수구 옥련동
> ③ 남동구 장수동
> ④ 남동구 고잔동

57 인천광역시 농업기술센터가 있는 곳은?

① 남동구
② 중구
③ 계양구
④ 서구

> **Advice** 인천광역시농업기술센터는 인천 계양구에 위치해 있다.

58 연평도가 소재한 곳은?

① 강화군
② 옹진군
③ 중구
④ 동구

> **Advice** 연평도는 인천광역시 옹진군 연평면에 속해 있다.

59 숭의삼거리-도화IC-주안초교를 지나는 도로는?

① 중봉로
② 주안로
③ 경인로
④ 경원로

> **Advice** 경인로는 여의도교차로(서울 영등포)에서 숭의로터리(인천 미추홀구)에 이르는 도로로 숭의삼거리, 도화IC, 주안초교 등을 지나간다.

60 미추홀구에 소재한 동이 아닌 것은?

① 구산동
② 숭의동
③ 용현동
④ 주안동

> **Advice** 구산동은 인천광역시 부평구에 속해 있다.

정답 55.② 56.① 57.③ 58.② 59.③ 60.①

61 남동구에 소재하지 않은 것은?

① 가천대 길병원
② 인천광역시립박물관
③ 인천동부교육지원청
④ 토지주택공사 인천지역본부

● Advice 인천광역시립박물관은 연수구에 위치해 있다.

62 계양경찰서가 있는 곳은?

① 작전동
② 갈현동
③ 계산동
④ 장기동

● Advice 계양경찰서는 계양구 계산동에 위치해 있다.

63 인천시청 앞을 지나는 도로는?

① 경인로
② 인하로
③ 구월로
④ 경원대로

● Advice 구월로는 만수주공사거리(인천 남동)에서 석암치안센터(인천 남구)에 이르는 도로로 인천시청 앞을 지나간다.

64 인천광역시 동구와 인접하지 않은 행정구역은?

① 서구
② 남동구
③ 중구
④ 미추홀구

● Advice 남동구는 부평구, 미추홀구, 연수구와 인접해 있다.

65 인천중부소방서와 가장 가까운 역은?

① 인천역
② 신포역
③ 동인천역
④ 숭의역

● Advice 인천중부소방서는 중구 인중로에 위치해 있으며 가장 가까운 역은 수인분당선 신포역이다.

66 지하철 7호선과 인천1호선이 만나는 역은?

① 부평구청역
② 부평시장역
③ 부평역
④ 부개역

● Advice 지하철 7호선과 인천1호선은 부평구청역에서 만난다.

정답 ▶ 61.② 62.③ 63.③ 64.② 65.② 66.①

67 강화군에 있는 절이 아닌 것은?

① 적석사
② 청련사
③ 흥륜사
④ 전등사

> ● Advice 흥륜사는 연수구에 위치해 있다.

68 인천항보안공사가 있는 곳은?

① 중구
② 서구
③ 동구
④ 부평구

> ● Advice 인천항보안공사는 중구에 위치해 있다.

69 파라다이스시티호텔이 있는 곳은?

① 동구
② 연수구
③ 미추홀구
④ 중구

> ● Advice 파라다이스시티호텔은 인천 중구 영종해안남로에 위치해 있다.

70 인천종합터미널이 있는 곳은?

① 계양구
② 미추홀구
③ 연수구
④ 부평구

> ● Advice 인천종합터미널은 미추홀구 연남로에 위치해 있다.

71 인천출입국외국인청이 있는 곳은?

① 연수구
② 동구
③ 미추홀구
④ 중구

> ● Advice 인천출입국외국인청은 중구에 위치해 있다.

72 강화군에 소재한 행정구역이 아닌 곳은?

① 선원면
② 화도면
③ 삼산면
④ 연평면

> ● Advice 연평면은 인천광역시 옹진군에 속해 있다.

정답 67.③ 68.① 69.④ 70.② 71.④ 72.④

73 인천광역시 교통연수원이 있는 곳은?

① 계양구
② 부평구
③ 남동구
④ 서구

● Advice 인천광역시 교통연수원은 계양구 계산동에 위치해 있다.

74 인천1호선과 공항철도가 만나는 역은?

① 검암역
② 계양역
③ 귤현역
④ 작전역

● Advice 인천1호선과 공항철도는 계양역에서 만난다.
① 검암역은 공항철도와 인천2호선을 만난다.
③④ 귤현역과 작전역은 인천1호선만 지나간다.

75 인천광역시 서구에 소재한 개천이 아닌 것은?

① 공촌천
② 심곡천
③ 장수천
④ 검단천

● Advice 장수천은 남동구에 소재한 개천이다.

76 인천지방검찰청이 있는 곳은?

① 계양구
② 남동구
③ 미추홀구
④ 서구

● Advice 인천지방검찰청은 미추홀구에 위치해 있다.

77 인천문화예술회관과 인접한 공원은?

① 석바위공원
② 중앙공원
③ 관교공원
④ 대학공원

● Advice 인천문화예술회관은 남동구 구월동에 위치해 있으며 중앙공원, 올림픽공원이 인접해 있다.

78 인천광역시 중구청이 소재한 곳은?

① 관동
② 북성동
③ 송학동
④ 전동

● Advice 인천광역시 중구청은 중구 관동에 위치해 있다.

정답 ▶ 73.① 74.② 75.③ 76.③ 77.② 78.①

79 차이나타운이 위치한 곳은?

① 미추홀구
② 동구
③ 서구
④ 중구

● Advice 차이나타운은 중구에 위치해 있다.

80 인천광역시 미추홀구에 소재한 산이 아닌 것은?

① 봉재산
② 문학산
③ 수봉산
④ 승학산

● Advice 봉재산은 연수구 동춘동에 소재한 산이다.

81 한국교통안전공단 인천자동차검사소가 위치한 곳은?

① 미추홀구
② 서구
③ 연수구
④ 중구

● Advice 한국교통안전공단 인천자동차검사소는 미추홀구에 위치해 있다.

82 인천광역시 옹진군에 소재한 섬이 아닌 것은?

① 백령도
② 연평도
③ 영흥도
④ 주문도

● Advice 주문도는 강화군 서도면에 소재해 있다.

83 인천인력개발원이 있는 곳은?

① 미추홀구
② 남동구
③ 부평구
④ 연수구

● Advice 인천인력개발원은 남동구에 위치해 있다.

84 인천1호선과 수인분당선이 만나는 역은?

① 선학역
② 연수역
③ 원인재역
④ 동춘역

● Advice 인천1호선과 수인분당선은 원인재역에서 만난다.

정답 79.④ 80.① 81.① 82.④ 83.② 84.③

85 캐피탈관광호텔이 있는 곳은?

① 계양구
② 미추홀구
③ 동구
④ 중구

● Advice 캐피탈관광호텔은 계양구에 위치해 있다.

86 부평구청에서 지하철 7호선을 따라 부천시청 방면으로 지나가는 도로는?

① 부흥로
② 길주로
③ 마장로
④ 안남로

● Advice 길주로는 인천시 서구 석남동에서 작동터널(경기 부천)에 이르는 도로로 부평구청과 부천시청을 지나간다.

87 인천나비공원이 있는 곳은?

① 계양구 서운동
② 계양구 효성동
③ 부평구 부개동
④ 부평구 청천동

● Advice 인천나비공원은 부평구 청천동에 위치해 있다.

88 미추홀대로에 있는 터널이 아닌 것은?

① 원신터널
② 문학터널
③ 청량터널
④ 동춘터널

● Advice 원신터널은 서구 신현동에 소재하며 봉수대로에 있다.

89 나은병원이 있는 곳은?

① 미추홀구 주안동
② 중구 율목동
③ 동구 금창동
④ 서구 가좌동

● Advice 나은병원은 인천광역시 서구 가좌동에 위치해 있다.

90 인천광역시 남동구에 소재한 고개가 아닌 것은?

① 치야고개
② 비루고개
③ 새고개
④ 매사리고개

● Advice 비루고개는 부평구 구산동에 소재해 있다.

정답 85.① 86.② 87.④ 88.① 89.④ 90.②

91 인천사랑병원이 있는 곳은?

① 연수구 동춘동
② 남동구 간석동
③ 부평구 갈산동
④ 미추홀구 주안동

● Advice 인천사랑병원은 미추홀구 주안동에 위치해 있다.

92 중구 항동에 위치한 것은?

① 화도진공원
② 인천광역시 중구청
③ 인천지방해양수산청
④ 중구보건소

● Advice ① 동구 화수동
　　　　 ② 중구 관동
　　　　 ④ 중구 전동

93 인천화물트럭터미널이 있는 곳은?

① 미추홀구
② 서구
③ 동구
④ 부평구

● Advice 인천화물트럭터미널은 미추홀구에 위치해 있다.

94 청라호수공원이 있는 곳은?

① 연수구
② 미추홀구
③ 중구
④ 서구

● Advice 청라호수공원은 서구에 위치해 있다.

95 계양구 효성동에서 작전서운동까지 경인고속도로와 나란하게 지나는 도로는?

① 마장로
② 새벌로
③ 아나지로
④ 길주로

● Advice 아나지로는 인천 계양구 효성동에서 삼정고가교삼거리(경기 부천)에 이르는 도로로 효성동에서 작전서운동까지 경인고속도로와 나란히 지나간다.

96 인천광역시 중구에 소재한 공원이 아닌 것은?

① 화도진공원
② 월미공원
③ 매화공원
④ 율목공원

● Advice 화도진공원은 동구 화수동에 위치해 있다.

정답 91.④ 92.③ 93.① 94.④ 95.③ 96.①

97 인천중부경찰서가 있는 곳은?

① 연수구 선학동
② 중구 중앙동
③ 중구 항동
④ 중구 전동

● Advice 인천중부경찰서는 중구 항동에 위치해 있다.

98 경인여자대학교가 있는 곳은?

① 미추홀구
② 서구
③ 계양구
④ 부평구

● Advice 경인여자대학교는 인천광역시 계양구 계산동에 위치해 있다.

99 부평소방서에서 가장 가까운 역은?

① 부평구청역
② 갈산역
③ 작전역
④ 부평시장역

● Advice 부평소방서는 부평구 부평대로에 위치해 있으며 인근에 갈산역이 위치해 있다.

100 쉐라톤 그랜드 인천 호텔이 있는 곳은?

① 연수구
② 중구
③ 부평구
④ 서구

● Advice 쉐라톤 그랜드 인천 호텔은 연수구 송도동에 위치해 있다.

101 콜롬비아군 참전기념비가 위치하고 있는 곳은?

① 중구
② 동구
③ 서구
④ 부평구

콜롬비아군 참전기념비는 인천광역시 서구 가정동에 위치해 있다.

102 북인천우체국이 위치하고 있는 곳은?

① 부평구
② 중구
③ 서구
④ 연수구

● Advice 북인천우체국은 인천광역시 부평구에 위치해 있다.

정답 97.③ 98.③ 99.② 100.① 101.③ 102.①

103 검단선사박물관이 위치하고 있는 곳은?

① 중구
② 계양구
③ 부평구
④ 서구

● Advice 검단선사박물관은 인천광역시 서구에 위치해 있다.

104 흥륜사가 위치하고 있는 곳은?

① 미추홀구
② 연수구
③ 남동구
④ 계양수

● Advice 흥륜사는 인천광역시 연수구 동춘동에 위치해 있다.

정답 ▶ 103.④ 104.②

자격증

한번에 따기 위한 서원각 교재

한 권에 준비하기 시리즈 / 기출문제 정복하기 시리즈를 통해 자격증 준비하자!